Nordrhein-Westfälische Akademie der Wissenschaften

Geisteswissenschaften   Vorträge · G 339

Herausgegeben von der
Nordrhein-Westfälischen Akademie der Wissenschaften

ERNST DASSMANN
Frühchristliche Prophetenexegese

Westdeutscher Verlag

381. Sitzung am 15. Februar 1995 in Düsseldorf

Die Deutsche Bibliothek – CIP-Einheitsaufnahme

Dassmann, Ernst:
Frühchristliche Prophetenexegese / Ernst Dassmann. – Opladen: Westdt.
Verl., 1996
 (Vorträge / Nordrhein-Westfälische Akademie der Wissenschaften:
 Geisteswissenschaften; G 339)

NE: Nordrhein-Westfälische Akademie der Wissenschaften ‹Düsseldorf›:
Vorträge / Geisteswissenschaften

Der Westdeutsche Verlag ist ein Unternehmen der Bertelsmann Fachinformation.

© 1996 by Westdeutscher Verlag GmbH Opladen

Herstellung: Westdeutscher Verlag
Satz, Druck und buchbinderische Verarbeitung: Boss-Druck, Kleve
ISBN-13: 978-3-531-07339-2   e-ISBN-13: 978-3-322-85631-9
DOI: 10.1007/978-3-322-85631-9

Inhalt

Ernst Dassmann, Bonn
Frühchristliche Prophetenexegese 7

Diskussionsbeiträge
   Professor Dr. phil. *Walter Mettmann;* Professor Dr. theol. *Ernst Dassmann;* Professor Dr. theol. *Martin Honecker;* Professor Dr. phil., Dr. phil. h. c. *Reinhold Merkelbach;* Professor Dr. theol. *Karl Kertelge;* Professor Dr. phil., Dr. h. c. mult. *Albrecht Dihle;* Professor Dr. theol., Dr. theol. h. c. *Johannes Wallmann;* Professor Dr. iur. utr. *Josef Isensee;* Professor Dr. phil. *Friedrich Scholz;* Professor Dr. phil. *Wolfgang Dieter Lebek;* Professor Dr. phil., D. litt. h. c. *Rudolf Kassel* 33

I.

Das „Reallexikon für Antike und Christentum" (RAC) hat in den letzten Jahren in zunehmendem Maße alttestamentliche Stichworte aufgenommen, denn unbestreitbar hat die frühchristliche Rezeption des Alten Testamentes einen nicht unerheblichen Anteil an der Ausbreitung und Ausgestaltung der Kirche besessen. Übernahme und Anpassung, aber auch Ablehnung und Distanzierung, alle Reaktionen, welche die christliche Inkulturation im Hinblick auf die heidnische Kultur und Religion begleitet haben, lassen sich auch gegenüber dem Judentum und den Schriften des Alten Testamentes beobachten. Wegen der prinzipiellen Nähe von Juden und Christen können sie sogar heftiger ausfallen als die Auseinandersetzungen mit dem Heidentum. Daß die spätantike Geschichte des Verhältnisses zwischen Christentum und Judentum ein RAC-Thema ist, steht damit außer Frage. Entsprechend sind in den ersten sechzehn Bänden des Lexikons wichtige Begriffe von „Almosen" bis „Jenseitsvorstellungen", Landschafts-, Orts- und Personennamen von „Aaron" bis „Jerusalem", vor allem aber zahlreiche alttestamentliche und frühjüdische Schriften bearbeitet worden.

Unter den Schriften spielen die Prophetenbücher eine besondere Rolle auch insofern, als sie aufgrund ihrer alphabetischen Einordnung mit Ausnahme einiger der Kleinen Propheten beim jetzigen Stand des Lexikons, für das im Augenblick die Lemmata des Buchstabens I/J vorbereitet werden, bereits erschienen sind oder im Manuskript vorliegen. Das gilt für die großen Schriftpropheten Daniel, Ezechiel, Jeremia (einschließlich Baruch) und Jesaja sowie für die kleinen Propheten Amos, Habakuk, Joel und Jonas[1]. So liegt es nahe, die enorme Fülle an Material und Einzelbeobachtungen, die in den Artikeln angehäuft worden ist, einmal daraufhin zu prüfen, wie sich die frühchristliche Prophetenexegese entwickelt hat und ob sich bestimmte Regeln der Auswahl,

---

[1] J. DANIÉLOU, Daniel : RAC 3 (1957) 575/85; E. DASSMANN, Hesekiel : RAC 14 (1988) 1132/91; ders., Jeremia : RAC Lfg. 132/3 (1995) 543/631; H. SCHMID/ W. SPEYER, Baruch : JbAC 17 (1974) 175/90 (Wiederabdruck demnächst RAC, Suppl.-Bd. 1); P. JAY, Jesaja : RAC Lfg. 132/3 (1995) 764/821; E. DASSMANN, Amos : RAC Suppl.-Bd. 1, Lfg. 3 (1985) 333/50; A. STROBEL, Habakuk: RAC 13 (1986) 203/26; M. STARK, Joel (erscheint demnächst); J. ENGEMANN, Jonas (erscheint demnächst). Die Bearbeitung der restlichen kleinen Propheten ist vorgesehen.

Verwendung und Auslegung alttestamentlicher Prophetentexte in der frühchristlichen Literatur feststellen lassen. Frühchristliche Literatur bedeutet dabei eine Einschränkung, weil das Vorkommen der Prophetengestalten in der frühchristlichen Kunst oder die Auswahl von Prophetenlesungen in der Liturgie eine besondere Beachtung verdienen.

An dieser Stelle darf ich darauf hinweisen, daß ich das Thema der Prophetenexegese über seine allgemein wissenschaftliche Bedeutung hinaus gewählt habe, um Ihnen einen Sektor aus der Arbeit am RAC vorzustellen, das ja seit 1976 im Auftrag der Nordrhein-Westfälischen Akademie der Wissenschaften herausgegeben wird. Ich verbinde damit den Dank an die Akademie, insbesondere an die Mitglieder dieser Klasse, für das vielfältig bezeugte Interesse, das Sie dem Fortgang der Arbeiten am RAC im F. J. Dölger-Institut in Bonn entgegengebracht haben und sicherlich weiterhin entgegenbringen werden.

II.

Einen ersten Hinweis auf die Bedeutung der Prophetenexegese in der frühen Kirche bietet die Fülle der erhaltenen oder nur bezeugten Homilien und Kommentare, die sich mit den alttestamentlichen Prophetenbüchern befassen. Der älteste erhaltene Schriftkommentar in der Kirche überhaupt ist Hippolyts Erklärung des Danielbuches[2]. Daneben sind von Hippolyt nur noch ein Kommentar zum Hohenlied (bis Kap. 3,7), eine Psalmenhomilie sowie kleinere Abhandlungen über die Segen Jakobs und Moses' und über David und Goliath überliefert[3]. Im Schrifttum des Origenes, des vielleicht größten Schriftexegeten der frühen Kirche, nehmen die Propheten einen breiten Raum ein – soweit die Nachrichten das noch erkennen lassen. Erhalten sind neben zwanzig griechischen Homilien zu Jeremia lateinische Übersetzungen von Jesaja- und Ezechielhomilien, dazu lateinische Jeremiahomilien, die inhaltlich zum größten Teil mit den griechischen übereinstimmen[4]. Von Origenes' zahlreichen Kommentaren zum Alten Testament gibt es nur vier Bücher zum Hohenlied[5]. Eusebius erwähnt noch „dreißig Bücher über Jesaja, welche bis zum dritten Teil, d. h. bis zur Erscheinung der vierfüßigen Tiere in der Wüste, reichen

---

[2] B. ALTANER / A. STUIBER, Patrologie (Freiburg 8\1978) 167; C. SCHOLTEN, Hippolytos II (von Rom): RAC 15 (1991) 504/7.

[3] ALTANER / STUIBER, Patrologie (o. Anm. 2) 167.

[4] ORIGENES, Hom. in Jer. (GCS 6. Origenes 3 KLOSTERMANN 1/194); (GCS 33. Origenes 8 BAEHRENS 290/317); Hom. in Jes. (GCS 33. Origenes 8 BAEHRENS 242/89); Hom. in Ez. (GCS 33. Origenes 8 BAEHRENS 319/454); DASSMANN, Jeremia (o. Anm. 1) 588f.

[5] K. S. FRANK, Hoheslied: RAC 16 (1994) 69.

(Jes 30,6) ..., ebenso fünfundzwanzig Bücher zu Ezechiel"[6]. Darüber hinaus kannte Eusebius einen Origenes-Kommentar zu den zwölf Kleinen Propheten, von dem ihm ebenfalls noch fünfundzwanzig Bücher vorlagen[7]. Natürlich hat sich Origenes' Auslegungsarbeit nicht auf die Propheten beschränkt. Ob sie zumindest einen Schwerpunkt seiner Schriftexegese gebildet haben, läßt sich bei dem Ausmaß der Vernichtung, das sein Schrifttum nach seiner Verurteilung im 6. Jahrhundert im byzantinischen Reich erfahren hat, nicht mehr sicher beurteilen. Auch Viktorin von Pettau, der erste lateinisch schreibende Exeget, hat zahlreiche heute nicht mehr vorhandene Kommentare zu alttestamentlichen Büchern verfaßt. Dazu gehörten Jesaja-, Ezechiel- und Habakuk-Auslegungen[8]. Diodor von Tarsus, der den Ruhm der antiochenischen Exegetenschule begründete, soll alle Bücher des Alten Testamentes – damit auch alle Propheten – erklärt haben[9].

Ab dem 4. Jahrhundert gelingt es nur wenigen Vätern, das Alte Testament in größerem Umfang zu kommentieren. Bei der Auswahl, die sie notwendigerweise treffen müssen, stehen die Propheten auffällig im Vordergrund; eine ähnlich starke Beachtung erfahren nur noch die Psalmen sowie Erklärungen zum Hohenlied, zu Hiob und zu den Weisheitsbüchern. Eindeutig zurück treten dagegen der Pentateuch – wenn man von der Auslegung der Schöpfungsgeschichte in den verschiedenen Hexaemeron-Kommentaren absieht – und die übrigen geschichtlichen Bücher. Dieses Auswahlprinzip zeigt sich besonders bei den beiden großen Exegeten der östlichen und westlichen Kirche: Theodoret von Cyrus und Hieronymus. Theodoret im Osten hat alle Propheten, die Psalmen und das Hohelied kommentiert. Aus den geschichtlichen Büchern behandelt er nur Einzelprobleme in Frage und Antwort[10]. Hieronymus im Westen hat sämtliche Propheten, die Psalmen und das Buch Kohelet ausgelegt, dazu nur noch ausgewählte Quaestiones hebraicae in Genesim. Zu Jesaja hat sich Hieronymus neben seinem Kommentar in selbständigen Schriften geäußert[11].

---

[6] EUSEBIUS, Hist. eccl. 6,32,1 (GCS 9,2. Eusebius 2,2 SCHWARTZ 586); vgl. HIERONYMUS, Comm. in Jes. praef. (CCL 74. Hieronymus 1,3 REITER 1f); über weitere 6 Bücher zu Jesaja, die zu der von HIERONYMUS, Ep. 33,4,2 (CSEL 54. Hieronymus 1,1 HILBERG 255,17) genannten Zahl von 36 führen würden, vgl. R. GRYSON / D. SZMATULA, Les commentaires patristiques sur Isaïe d'Origène a Jérôme : RevÉtAug 36 (1990) 13/5; kritisch dazu P. JAY, Jesaja (o. Anm. 1) 805.
[7] EUSEBIUS, Hist. eccl. 6,36,2 (GCS 9,2. Eusebius 2,2 SCHWARTZ 590).
[8] HIERONYMUS, Ep. 61,2 (CSEL 54. Hieronymus 1,1 HILBERG 577f); Ep. 84,7,6 (CSEL 55. Hieronymus 1,2 HILBERG 130).
[9] ALTANER/STUIBER, Patrologie (o. Anm. 2) 318.
[10] Ebd. 341.
[11] Ebd. 399; JAY, Jesaja (o. Anm. 1) 809f.

Schaut man auf die Väter, die sich nicht im eigentlichen Sinn als Exegeten, sondern als predigende Bischöfe mit der Auslegung der Heiligen Schrift befaßt haben, stößt man auf ähnliche Schwerpunkte. Im Osten schreibt Eusebius von Caesarea Erklärungen zu Jesaja und zu den Psalmen[12]. Johannes Chrysostomus' Vorliebe liegt bei Jesaja, wenn der armenisch überlieferte Kommentar zu Jes 8/64 echt ist; sicher geht auf Chrysostomus ein anderer Jesaja-Kommentar zurück, der mit Jes 8,10 endet; außerdem hielt er mehrere Homilien zur Berufung des Propheten in Jes 6 sowie eine Homilie zu Jes 45,7, aber auch Predigten zur Genesis und über einzelne Psalmen[13]. Ein umfangreicher Kommentar zu Jesaja sowie zum Zwölfprophetenbuch stammt von Cyrill von Alexandrien; er hat außerdem über die Psalmen gearbeitet, wie spätere Katenen beweisen; sein Hauptinteresse galt jedoch dogmatischen Fragen[14]. Weniger ausgeprägt ist die Vorliebe für zusammenhängende Prophetenexegese allein bei den Kappadokiern. Von Hesychius von Jerusalem sind neben Kommentaren und Predigten zu verschiedenen nicht prophetischen alttestamentlichen Schriften nur einige Glossen zu Jesaja und zu den zwölf kleinen Propheten sowie Fragmente zu Daniel und Ezechiel erhalten[15]. Von Basilius von Caesarea könnte ein Kommentar zu Jesaja 1/16 stammen; bekannter sind seine Hexaemeron- sowie seine Psalmenhomilien[16]. Von Gregor von Nazianz sind überhaupt keine alttestamentlich bestimmten Exegesen bekannt; Gregor von Nyssa hat sich mit der Schöpfungsgeschichte, den Psalmen, dem Hohenlied und mit Kohelet beschäftigt[17].

Von Hieronymus abgesehen gibt es im Westen nur wenige Prophetenkommentare. Von Hilarius sind nur Arbeiten zu den Psalmen und zu Hiob bezeugt[18]. Ambrosius scheint eine besondere Affinität zu Jesaja gehabt zu haben. Er hat einen Jesaja-Kommentar verfaßt, worauf er selbst im Lukas-Kommentar verweist, der jedoch mit Ausnahme von einigen Fragmenten bei Augustinus nicht erhalten ist[19]. Augustinus hatte sich nach seiner Bekehrung in Mailand bei Ambrosius Rat geholt, welche Bücher der Heiligen Schrift er zur Vorbereitung auf die Taufe lesen sollte. Der Bischof hatte ihn auf den Propheten Jesaja hingewiesen, „wohl weil er so deutlich wie kein anderer das

---

[12] ALTANER/STUIBER, Patrologie (o. Anm. 2) 222.
[13] Ebd. 324f.
[14] Ebd. 285.
[15] Ebd. 333; J. KIRCHMEIER, Hésychius de Jérusalem : DicSpir 7 (1969) 400.
[16] ALTANER/STUIBER, Patrologie (o. Anm. 2) 292.
[17] Ebd. 305.
[18] Ebd. 363.
[19] AMBROSIUS, Expos. evang. Luc. 2,56 (CCL 14 ADRIAEN 54f); Fragm. in Jes. (CCL 14 BALLERINI 403/8) [vgl. Clavis PL² 142]; M. G. MARA, Ambrogio di Milano, Ambrosiaster e Niceta: Patrologia 3. A cura di A. DI BERARDINO (Torino 1978) 155.

Evangelium und die Berufung der Heiden vorausverkündet hat"[20]. Warum ausgerechnet Ambrosius' Jesaja-Kommentar verlorengegangen ist, bleibt rätselhaft. Unter den anderen alttestamentlichen Arbeiten des Mailänder Bischofs ragen besonders sein Hexaemeron und die Psalmenerklärungen heraus[21]. Von Augustinus sind keine Prophetenkommentare oder ausgesprochene Homilienreihen zu prophetischen Schriften bekannt. Nun war Augustinus insgesamt gesehen kein Kommentator. In dieser Literaturgattung hat er es nicht über einige Expositionen zu Paulusbriefen hinausgebracht[22]. Im Alten Testament hat er sich um die Auslegung der Genesis und um Einzelfragen aus den geschichtlichen Büchern gemüht, vor allem aber um die Erklärung der Psalmen[23]. Sein Gegenspieler, Bischof Julian von Aeclanum, dürfte dagegen neben einem Hiobkommentar einen Commentarius in prophetas minores tres zu Hosea, Joel und Amos geschrieben haben[24]. Gregor der Große schließlich hat sich am ausführlichsten mit dem für eine spirituelle Theologie besonders fruchtbaren Hiobbuch beschäftigt; ferner gibt es von ihm Hohelied-Homilien und – was die Propheten betrifft – die Homiliae in Ezechielem[25]. Vielleicht dürfen ihm aber auch sechs Bücher In librum primum Regum expositionum zugeschrieben werden[26]. Ungewöhnlich ist das Schrifttum des Isidor von Sevilla, der andere Intentionen verfolgt als seine bischöflichen Vorgänger[27].

Diese nicht vollständige, aber doch repräsentative Übersicht dürfte die Bedeutung unterstreichen, welche die Prophetenexegese für die frühe Kirche besitzt. Man könnte eine Art Gegenprobe machen, indem man die in einem kurzen Zeitraum verfaßten Auslegungen einzelner Propheten zusammenstellt. Zum Propheten Amos z. B. entstanden innerhalb einer einzigen Generation nicht weniger als fünf umfangreiche Kommentare von Hieronymus, Julian von Aeclanum, Theodor von Mopsuestia, Theodoret von Cyrus und Cyrill von Alexandrien in der exegetisch so fruchtbaren Zeit Ende des 4., Anfang des 5. Jahrhunderts auf dem Höhepunkt des literarischen Schaffens der Schulen von Antiochien und Alexandrien. Hinzu kommen noch verlorengegangene Amosauslegungen von Klemens von Alexandrien und Origenes sowie ein Ephraem dem Syrer zugeschriebener Amos-Kommentar, von dem eine im 9. Jahrhun-

---

[20] AUGUSTINUS, Conf. 9,5,13 (CCL 27. Augustinus 1,1 VERHEIJEN 140,8/10); E. DASSMANN, Ambrosius : Augustinus-Lexikon 1 (1986/94) 272.
[21] ALTANER/STUIBER, Patrologie (o. Anm. 2) 381.
[22] Ebd. 431.
[23] Ebd. 430.
[24] Clavis PL² 776; DASSMANN, Amos (o. Anm. 1) 341.
[25] ALTANER/STUIBER, Patrologie (o. Anm. 2) 468f.
[26] Clavis PL² 1719.
[27] ALTANER/STUIBER, Patrologie (o. Anm. 2) 494f.

dert durch einen Mönch Severus verfaßte Katene erhalten ist[28]. Ähnlich eindrucksvoll ist das Auslegungswerk zum Propheten Ezechiel, obwohl mancher Kommentator vor ihm zurückgeschreckt sein mag, galt er doch schon den Rabbinen als schwierig auszulegen. Von Rabbi Hananiah ben Hezekiah wird berichtet, er habe 300 Krüge Öl in seiner Studierlampe verbrennen müssen, ehe es ihm gelungen sei, den Propheten mit der jüdischen Lehrmeinung in Einklang zu bringen[29]. Trotzdem gibt es folgende bezeugte oder noch erhaltene Kommentare, Traktate oder sonstige Erklärungen zu mehr oder weniger umfangreichen Ezechiel-Texten: aus der Frühzeit Teilauslegungen von Hippolyt, einen fünfundzwanzig Bücher umfassenden Kommentar und vierzehn in Hieronymus' Übersetzung erhaltene Homilien von Origenes sowie einen Kommentar des Viktorin von Pettau. Ab dem 4. Jahrhundert folgen im Osten Kommentare von Theodoret von Cyrus und Polychronius von Apamea, ein Cyrill von Alexandrien zugeschriebener Kommentar – wahrscheinlich von Bischof Stephanus von Siunik (gest. 736) –, eine Katene des Severus von Edessa (um 850/60) mit Fragmenten Ephraems des Syrers und eine Reihe nestorianisch geprägter Auslegungen der syrischen Kirche vom 6.–9. Jahrhundert. Im Westen beschränkt sich die umfassende Auslegung Ezechiels auf die bereits erwähnten Arbeiten von Hieronymus und Gregor dem Großen[30].

Dieses Ergebnis überrascht nicht, denn die kirchliche Verkündigung war neben den Psalmen von Anfang an vor allem an den Propheten interessiert, mehr jedenfalls als am Gesetz, dessen christologischer Sinn aus den Büchern des Pentateuch sehr viel schwieriger zu erheben war als aus den prophetischen Büchern, die zwar in verhüllter Weise, aber an vielen Stellen unüberhörbar von Christus zu sprechen schienen. In den Paulusbriefen und Evangelien begleiten Prophetenworte das Christusgeschehen sehr viel direkter und unmittelbarer als Stellen aus den Büchern Mose, in denen das Gesetz erst heilsgeschichtlich entmachtet werden mußte, ehe das gleichsam Prophetische der Patriarchen, des Mose und des David christologisch fruchtbar gemacht werden konnte[31]. Als in der durch Markion heraufbeschworenen Krise die Bedeutung des Alten Testamentes für die Christusverkündigung radikal infrage gestellt wurde, kam die Kultkritik der Propheten, kamen die „unguten Gebote und Satzungen", die Gott nach Ez 20,24f strafweise seinem Volk auferlegt hatte, den christ-

---

[28] Belege bei Dassmann, Amos (o. Anm. 1) 340/4.
[29] Talmud bŠabbat 13,b; bḤagigah 13a; S. Spiegel, Ezekiel or Ps. Ezekiel? : HarvTheolRev 24 (1931) 245.
[30] Belege und weitere Hinweise auf Einzelauslegungen bei Dassmann, Hesekiel (o. Anm. 1) 1151/6.
[31] H. von Campenhausen, Die Entstehung der christlichen Bibel = BeitrHistTheol 39 (Tübingen 1968) 28/75.

lichen Auslegern gerade recht, um das alttestamentliche Zeremonialgesetz als
überholt zu erweisen und so das in Gott gründende Sittengesetz, das Christus
in seiner Reinheit wiederherstellen wollte, zu retten[32]. Die Problematik einer
angemessenen Auslegung des Alten Testamentes verlor in der Folgezeit nichts
von ihrer Brisanz. Noch die christologischen und soteriologischen Fragen des
4. und 5. Jahrhunderts verlangten nach einem prophetisch verankerten Offenbarungsfundament, das durch eine immer genauere Erklärung der Prophetenbücher gesichert werden mußte.

III.

Was faszinierte die Väter an den alttestamentlichen Propheten? Sieht man
von den Kommentaren und Predigtreihen ab, die eine fortlaufende oder doch
wenigstens kontinuierliche Betrachtung der Prophetenschriften erforderten,
könnte die Auswahl der bevorzugt herangezogenen Stellen vielleicht Auskunft
geben, die sich häufig zu regelrechten Auslegungsschwerpunkten und Überlieferungssträngen verdichten. Für die Auswahl können verschiedene Gründe
maßgeblich gewesen sein. Vor allem am Anfang dürften Testimoniensammlungen den Blick der frühchristlichen Schriftsteller auf eine begrenzte Auswahl
von Prophetenworten gelenkt haben, Testimoniensammlungen, die ihrerseits
von den Hinweisen des Neuen Testamentes auf die christologisch relevanten
Weissagungen der Propheten beeinflußt waren. Später rücken dogmatische
Entwicklungen bestimmte Verse in den Blickpunkt, die erst jetzt zu biblischen
loci classici für eine bestimmte Lehrmeinung werden. Verbreitete Anwendung
fanden darüber hinaus die sittlichen Mahnungen der Propheten, die der eigenen Moralpredigt biblisches Kolorit und eine von der göttlichen Offenbarung
geforderte Dringlichkeit verliehen. Manchmal scheint eine besonders einprägsame sprachliche Formulierung oder ein treffendes Bild die Beliebtheit eines
Prophetenwortes provoziert zu haben. Die hier angedeuteten Auswahlprinzipien: Testimoniensammlungen, messianisch-christologische Weissagungsqualität, dogmatische Verwertbarkeit, moralische Fruchtbarkeit sowie sprachliche Schönheit einzelner Bilder und Vergleiche sollen im folgenden an einigen
Beispielen erläutert werden.

1. Für die Frühzeit läßt sich der Einfluß von Testimoniensammlungen eindeutig nachweisen. Er muß allerdings erschlossen werden, weil sich vor Cy-

---

[32] Ebd. 109/13.

prians Schrift Ad Quirinum testimoniorum libri tres keine Sammlungen erhalten haben[33].

Nachdem der Barnabasbrief (um 130/5) in Kap. 2,5 zur Kritik der jüdischen Opfer ein längeres Zitat aus Jes 1,11/3 angeführt hat, fährt er in 2,7f mit der Einleitungsformel λέγει δὲ πάλιν fort: „Habe ich etwa euren Vätern geboten, als sie aus dem Land Ägypten auszogen, mir Brandopfer und Schlachtopfer darzubringen? Statt dessen habe ich ihnen das geboten: Keiner von euch soll in seinem Herzen dem Nächsten Böses nachtragen, und einen Meineid liebt nicht!"[34]. Das wie ein einziges Prophetenwort klingende Zitat ist in Wirklichkeit ein Mischzitat aus Jer 7,22.23a und Sach 8,17a, dem sich wenig später noch eine Reminiszenz aus Ps 51(50),19 anschließt[35]. Die Kombination von Jeremia und Ps 51 findet sich – unabhängig vom Barnabasbrief – wenig später bei Justin[36]. Das kann kein Zufall sein. Auch die Zitatenreihe im Barnabasbrief 9,1/3 dürfte auf eine Testimonienvorlage zum Stichwort „Hören" zurückgehen, in der in eine Reihe von Jesaja-Zitaten Wendungen aus Jer 4,4 und vielleicht auch 7,2 eingefügt worden sind[37].

Bei genauerem Zusehen fällt auf, daß im Barnabasbrief die Jesajazitate in der Regel sehr exakt sind und z.T. wortwörtlich mit dem LXX-Text übereinstimmen, während die Verwendung der anderen Propheten ungenau ist und der Wortlaut nicht selten Anklänge an andere biblische Bücher aufweist. Den Genauigkeitsgrad der Jesajazitate erreichen nur noch die Psalmenzitate. Das weist darauf hin, daß dem Verfasser des Barnabasbriefes wahrscheinlich Handschriften bzw. Exzerpte des Propheten Jesaja und der Psalmen zur Verfügung standen, während die übrigen Schriftzitate, wenn nicht aus dem Gedächtnis, dann aus Testimoniensammlungen stammen dürften. Die große Zahl der Jesajazitate und die verschwindend kleine Zahl z.B. der Jeremiazitate muß darum nicht auf den unterschiedlichen Beliebtheitsgrad der beiden Propheten hinweisen, sondern hängt von der Quellenlage ab[38]. Nicht jede frühchristliche Gemeinde und nicht jeder frühchristliche Schriftsteller besaß eine komplette

---

[33] R. HODGSON, The Testimony Hypothesis : JournBiblLit 98 (1979) 361/78; P. PRIGENT, Les testimonia dans le Christianisme primitif (Paris 1981); L. W. BARNARD, The Use of Testimonies in the Early Church and in the Epistle of Barnabas : ders., Studies in the Apostolic Fathers and Their Background (Oxford 1966) 109/35; CH. WOLFF, Jeremia im Frühjudentum und Christentum = TU 118 (1976) 178.187.

[34] BARN. 2,5.7f (FUNK/BIHLMEYER² 11). Übersetzung nach Didache (Apostellehre), Barnabasbrief, Zweiter Klemensbrief, Schrift an Diognet. Eingeleitet, herausgegeben, übertragen und erläutert von K. WENGST = Schriften des Urchristentums 2 (Darmstadt 1984) 141.143.

[35] Ebd. 143.

[36] JUSTIN, Dial. 22,6f (GOODSPEED 115).

[37] WENGST (o. Anm. 34) 161.163.123f; PRIGENT (o. Anm. 33) 50f.

[38] WENGST (o. Anm. 34) 126f; P. PRIGENT, L'Épître de Barnabé I-XVI et ses sources (Paris 1961) 29/60.

Abschrift des Alten Testamentes. Mit Sicherheit läßt sich auf die Benutzung einer Testimonienvorlage schließen, wenn auffällige Veränderungen, Verknüpfungen oder Reihungen von Schriftzitaten in verschiedenen Väterschriften unabhängig voneinander vorkommen. Solche Übereinstimmungen gibt es z. B. mehrfach zwischen Barnabas und Justin[39].

Bei letzterem besteht zudem ein auffälliger Unterschied zwischen der Prophetenverwendung in der Apologie und im Dialog. In der ersten Apologie 47,5 deutet Justin das Hadrianedikt, das den Juden den Aufenthalt in Jerusalem und Judäa verbot, als die Erfüllung einer Jesaja-Weissagung: „Ihr Land liegt öde, vor ihren Augen weiden ihre Feinde es ab, und keiner von ihnen wird darin wohnen können". In Wirklichkeit ist dieses Zitat eine Mischung aus Jes 1,7 und Jer 2,15 (50,3; 52,27)[40]. Noch ungenauer sind zwei weitere Stellen in der Apologie, wo Justin unter Hinweis auf Jeremia entweder Dan 7,13 oder eine entsprechende Stelle aus dem Neuen Testament über die Wiederkunft des Menschensohnes auf den Wolken des Himmels im Sinn hat[41], sowie eine Stelle, bei der unter dem Namen des Jesaja Jer 9,26 über die Beschneidung nicht der Vorhaut, sondern der Herzen zitiert wird[42]. Daß Justin an allen drei Stellen, an denen Jeremiaworte in der Apologie vorkommen, eine falsche Autorzuweisung vornimmt, muß wiederum nicht an einer Geringschätzung des Propheten Jeremia liegen, sondern wird auf eine fehlerhafte Vorlage oder ein unzuverlässiges Gedächtnis zurückgehen. Sicher hatte Justin bei der Abfassung der Apologie keinen Jeremiatext zur Hand – im Gegensatz zum Dialog, in dem zahlreiche Jeremiazitate septuagintagetreu angeführt und weit auseinanderliegende Stellen kombiniert werden[43]. Daß sich Justin im Dialog mit dem Juden Tryphon – selbst wenn es sich um ein fiktives Gespräch handelt – sorgfältiger auf die Verwendung der alttestamentlichen Schriften vorbereitet hatte, ist verständlich.

Die Bedeutung biblischer Stellensammlungen ließe sich bei den kirchlichen Schriftstellern des 2. und 3. Jahrhunderts weiterverfolgen, wobei davon ausgegangen werden kann, daß mit fortschreitender Zeit Bischöfe und kirchliche Lehrer vermehrt vollständige oder ausgewählte Texte einzelner biblischer Schriften besaßen und auch die liturgischen Lesungen die Kenntnis alt-

---

39 Vgl. neben BARN. 2,7f (FUNK/BIHLMEYER² 11) und JUSTIN, Dial. 22,6f (GOODSPEED 115) (o. S. 14) noch Jes 16,1f und Jer 2,12f in BARN. 11,2f (FUNK/BIHLMEYER² 23) und JUSTIN, Dial. 114,5 (GOODSPEED 232).
40 JUSTIN, Apol. 1,47,5 (GOODSPEED 59).
41 JUSTIN, Apol. 1,51,6 (GOODSPEED 62).
42 JUSTIN, Apol. 1,53,11 (GOODSPEED 65).
43 JUSTIN, Dial. 28,2f (GOODSPEED 122); WOLFF (o. Anm. 33) 178/86; P. PRIGENT, Justin e l'AT (Paris 1964) 173f.191/4.

testamentlicher Texte verbreiteten und vertieften. Doch lassen noch die von Augustinus in zahlreichen Varianten außerordentlich sorglos angeführten Jeremiastellen nach den Textvorlagen oder aber nach der Arbeitsweise des Bischofs fragen[44]. Immerhin zeigt Cyprians Testimoniensammlung in drei Büchern, daß diese für den biblischen Hintergrund der Traditionsbildung so wichtige Schriftgattung noch längere Zeit von Belang ist. Von den etwa 125 Verweisen auf Jesaja, die sich im gesamten Werk Cyprians finden, hat der Bischof 74 in die Sammlung übernommen. Ihnen stehen 35 Stellen aus Jeremia, 5 aus Ezechiel sowie 5 aus Daniel gegenüber; noch geringer ist die Zahl der Testimonien aus dem Dodekapropheton[45]. Letztlich waren es die prophetischen Hinweise auf Christus, die zur Aufnahme einer Stelle in Sammlungen und Textauswahlen führten. Und da übertraf Jesaja, dessen Gottesknechtslieder geradezu wie ein Evangelium gelesen wurden, alle anderen Propheten. Daß mit der Zahl der christologischen Stellen die Kenntnis auch anderer Partien eines Prophetenbuches wuchs, liegt nahe. So dürften sich die neutestamentlichen Erfüllungszitate prophetischer Verheißungen, die Verbreitung von biblischen Handschriften und Büchern, die Zahl der in den Testimonien aufgeführten Stellen sowie die Vertrautheit mit den Prophetenschriften samt ihrer Präsenz in der frühchristlichen Verkündigung und Literatur gegenseitig bedingen.

2. Die Kirchenväter haben im Licht des Neuen Testamentes das ganze Alte Testament, besonders aber die Propheten, auf die Erfüllung in Christus hin gelesen. Bei Jesaja sind es die Emmanuelweissagung aus 7,14 („Siehe die Jungfrau wird empfangen und einen Sohn gebären"), die Verheißung des Messiaskindes in 9,5, die Beschreibung der Herrschaft des Messias und seines Friedensreiches in 11,1/10, die Vorhersage des Vorläufers Johannes in 40,3/5 und vor allem die Gottesknechtslieder in 42,1/7, 49,1/9, 50,4/9a und 53,1/12 sowie die von Jesus selbst zitierten und auf sich angewandten Verse aus 61,1f, welche die Schwerpunkte der Auslegung bilden. Die patristische Jesaja-Rezeption ist so intensiv erforscht, daß hier nicht näher auf sie eingegangen werden soll[46].

Auch aus den anderen Prophetenbüchern wurden vornehmlich die Stellen ausgewählt, die als messianische Weissagungen galten und einen christo-

---

[44] A. M. LA BONNARDIÈRE, Biblia Augustiniana. AT. Livre de Jérémia = ÉtAug (Paris 1972) 71/5; DASSMANN, Jeremia (o. Anm. 1) 75 f.
[45] JAY, Jesaja (o. Anm. 1) 803 f; vgl. den Index CSEL 3,3. Cyprian 3 HARTEL 331/4.
[46] GRYSON/SZMATULA (o. Anm. 6) 3/41; P. JAY, L'exégèse de saint Jérôme d'après son Commentaire sur Isaïe (Paris 1985); ders., Jesaja (o. Anm. 1); R. LOONBEEK, Étude sur le Commentaire d'Isaïe attribué à S. Basile = Mém. Lic. dact. (Louvain 1955); M. SIMONETTI, Sulle fonti del Commento a Isaia di Gerolamo : Augustinianum 24 (1984) 451/69.

logischen Bezug hatten – sei es, daß sie auf Jesus als den kommenden Messias direkt oder auf die mit ihm in Verbindung stehenden Ereignisse von der Ankündigung seiner Geburt bis zur Ausgießung des Geistes am Pfingstfest hindeuten. Aus diesem Grunde sind Stellen wie Mi 5,1 mit dem Hinweis auf Bethlehem als Geburtsort des Messias, Hos 11,1 mit der Vorhersage seines Aufenthaltes in Ägypten, Jer 31,5, das den Kindermord in Bethlehem erwähnt, der Hinweis auf den Vorläufer des Messias in Mal 3,1.23, der Bericht in Jona 2,1 über das Verweilen des Propheten im Bauch des Fisches als Vorbild der Grabesruhe Christi oder die Geistausgießung am Ende der Tage in Joel 3,1 f in der Väterliteratur stets gegenwärtig. Letztere Prophetie, deren Erfüllung durch die Petruspredigt am Pfingstfest in Apg 2,17 f bezeugt wird, verkündet zunächst die Universalität des Erlösungswerkes Christi für alle Menschen in allen Völkern. Athanasius, Epiphanius und Cyrill von Alexandrien benutzen die Stelle aber auch, um im Verein mit Jo 1,14 die vollkommene Menschwerdung des Logos zu unterstreichen[47]; die Erfüllung der Prophetie in Christus markiert zugleich die Ablösung des alten Israel durch das neue sowie die Konstituierung der Kirche aus den Völkern[48]. Andere trinitätstheologische und pneumatologische Anwendungen der Stelle sind durch ihre christologische Auslegung natürlich nicht ausgeschlossen. Auch Daniel, in dessen Buch sich nicht so deutlich christologisch ausgerichtete Stellen finden, gilt vielen Vätern als Prophet, der auf Christus hinweist. Christus verbirgt sich für sie z. B. in dem Engel, der den Jünglingen im Feuerofen Kühlung bringt und schon von Hippolyt auf den Logos gedeutet wird[49], vor allem aber in dem Menschensohngesicht aus Dan 7,13 f. Theodoret von Cyrus nennt Daniel sogar den Propheten, der klarer als alle übrigen die Ankunft Christi verkündigt habe[50]. Diese Zuweisungen sind ebenfalls so gebräuchlich, daß sie hier nicht weiter aufgelistet zu werden brauchen[51].

---

[47] Belege bei STARK, Joel (o. Anm. 1).
[48] Ebd.
[49] HIPPOLYT, Comm. in Dan. 2,30 (GCS 1. Hippolyt 1 BONWETSCH 98/100).
[50] THEODORET VON CYRUS, Comm. in Dan. praef. (PG 81,1260 AB); vgl. DANIÉLOU (o. Anm. 1) 579.
[51] F. M. ABEL, S. Jérôme et les prophéties messianiques : RevBibl 13 (1916) 423/40; 14 (1917) 247/69 hat allein aus den Prophetenkommentaren 72 Stellen erhoben, die Hieronymus für direkt messianisch hält; vgl. W. HAGEMANN, Wort als Begegnung mit Christus. Die christozentrische Schriftauslegung des Kirchenvaters Hieronymus = TriererTheolStud 23 (Trier 1970) 34/40. Für das der Vätertheologie vorausgehende alttestamentlich-prophetisch geprägte Christusbild des Neuen Testamentes vgl. J. COPPENS, Le messianisme et sa relièse prophétique. Les anticipations vétérotestamentaires. Leur accomplissement en Jésus = BiblEphemTheolLovan 38 (Gembloux 1974) 163/242. Eine Übersicht über ältere Arbeiten zur patristischen Prophetenexegese bietet H. J. SIEBEN, Exegesis Patrum = Sussidi Patristici 2 (Rom 1983) 43/9.

Die Väter haben aber auch dort Christi Person und Heilswerk in der prophetischen Botschaft durchscheinen sehen, wo ein solcher Hinweis durch das Neue Testament nicht abgedeckt und auf den ersten Blick nicht erkennbar ist. Für diese weniger bekannten Zusammenhänge seien ein paar Beispiele angegeben. Aus dem Buch des Propheten Jeremia, von dem Origenes sagt, daß er „unzählige Male anstelle unseres Herrn Jesus Christus genannt wird"[52], und in dessen sogenannten Confessiones Jer 20,7/18 von vielen Vätern in der Gestalt des Propheten der leidende Christus gesehen wird[53], ist es Vers 11,19, der eine christologische Deutung erfährt: „Ich war wie ein argloses Lamm, das zum Schlachten geführt wird, und ahnte es nicht, daß sie gegen mich Anschläge planten: ‚Laßt uns den Baum im Safte vernichten! Wir wollen ihn ausrotten aus dem Land der Lebendigen, daß seines Namens nicht mehr gedacht wird!'" Nicht nur das arglose Lamm, das Assoziationen an das Gottesknechtslied Jes 53,7 wecken könnte, sondern auch die Erwähnung des zu vernichtenden Baumes durchziehen die gesamte Vätertheologie. Es beginnt bereits mit Justin, der beklagt, die Juden hätten besagte Stelle aus dem Propheten ausgemerzt, um damit diesen Hinweis auf Christus in ihren Heiligen Schriften zu tilgen – ein Vorwurf, der allerdings nicht zutrifft[54]. Tertullian läßt zwar das symbolträchtige arglose Lamm aus, deutet aber den Anschlag auf den im Saft stehenden Baum auf Kreuz und Eucharistie[55]. In Cyprians Testimonien erscheint Jer 11,19 zweimal als Hinweis auf Christus und seinen Kreuzestod[56]. Bei Origenes gehört das ἀρνίον ἄκακον ἀγόμενον τοῦ θύεσθαι (das arglose Lamm, das geopfert wird) zu einem häufig gebrauchten Bildwort, das den zentralen theologischen Sachverhalt des Opfertodes Christi auf den kürzesten Ausdruck bringt[57]. In der 10. Jeremiahomilie hat er darüber hinaus Jer 11,18–12,9 ausführlich ausgelegt und sonst meist übergangene Nebenzüge erläutert. Im Satz vom Lamm, das zur Schlachtbank geführt wird, ist es die Bemerkung οὐκ ἔγνων („und ich erkannte es nicht"), die er mit Hilfe von 2 Kor 5,21 zu erklären versucht: „Er hat den, der die Sünde nicht kannte, für uns zur Sünde gemacht". Den zweiten Teil von Vers 11,19: „Laßt uns den

---

[52] ORIGENES, Hom. in Jer 14,5 (GCS 8. Origenes 3 KLOSTERMANN 110,23f).
[53] Auf sie geht allein Ambrosius mehr als zwanzigmal ein; vgl. DASSMANN, Jeremia (o. Anm. 1) 617.
[54] JUSTIN, Dial. 72,2f (GOODSPEED 182); vgl. P. PRIGENT, Justin et l'AT (o. Anm. 43) 173f.
[55] TERTULLIAN, Adv. Marc. 3,19,3; 4,40,3 (CCL 1. Tertullian 1 KROYMANN 533.656); Adv. Iud. 10,12 (CCL 2. Tertullian 2 KROYMANN 1378); A. VICIANO, Cristo salvador y liberador del hombre (Pamplona 1986) 371f; DASSMANN, Jeremia (o. Anm. 1) 575.
[56] CYPRIAN, Testim. 2,15.20 (CSEL 3,1. Cyprian 1 HARTEL 80.88).
[57] ORIGENES, Comm. in Joh. 1,22; 6,51.53.55 (GCS 10. Origenes 4 PREUSCHEN 27.160/4); De pascha 48 (GUÉRAND/NAUTIN 248).

Baum im Safte vernichten", übersetzt Origenes mit der LXX: „Kommt, wir wollen Holz in sein Brot werfen". Das Holz ist für Origenes das Kreuz, das in der Absicht der Feinde die Lehre Jesu zunichte machen sollte, ihr aber wie das Holz im Bitterwasser von Ex 15,23/5 nur mehr Süße verliehen hat[58]. Die im 3. Jahrhundert entwickelten Grundzüge einer christologischen Auslegung von Jer 11,19 bleiben in der Folgezeit im Osten (bei Eusebius[59], Athanasius[60], Cyrill von Jerusalem[61], Gregor von Nyssa[62], Theodoret[63], Olympiodor[64]) wie im Westen (bei Lactantius[65], Hilarius[66], Ambrosius[67] und Hieronymus[68]) erhalten.

Eine ähnliche Überlieferungskontinuität weist Jer 17,9 auf: „Ränkevoll ohnegleichen ist das Herz und verkommen, wer begreift es?" Der christologische Sinn erschießt sich – wenn überhaupt – erst aus der verkürzten LXX-Version: καὶ ἄνθρωπός ἐστι, καὶ τίς γνώσεται αὐτόν, die ab Irenäus bei Hippolyt, Tertullian, Cyprian, Lactantius, Gregor von Nyssa, Epiphanius, Hilarius, Ambrosius und Augustinus zum Hinweis auf die gottmenschliche Natur Christi wird[69]. Bei den Lateinern fehlt nur Hieronymus in dieser Aufzählung, der – auf dem hebräischen Text fußend – eine allegorische Auslegung bewußt ablehnt[70].

Ein Beispiel aus Ezechiel für eine vom Wortlaut kaum nahegelegte und erst durch komplizierte Überlegungen gewonnene christologische Bedeutung

---

[58] ORIGENES, Hom. in Jer. 10,1f (GCS 8. Origenes 3 KLOSTERMANN 71/3).
[59] EUSEBIUS, Eclogae propheticae 3,33 (PG 22,1160).
[60] ATHANASIUS, Oratio de incarnatione verbi 35,3 (SChr 199 KANNENGIESSER 388); CH. KANNENGIESSER, Les citations bibliques du traité athanasien ‚Sur l'incarnation du verbe' et les ‚Testimonia' : A. BENOIT / P. PRIGENT (Hrsg.), La Bible et les Pères. Colloque de Strasbourg (Paris 1971) 153.159f.
[61] CYRILL VON JERUSALEM, Catech. 13,19 (REISCH/RUPP 2,76)
[62] GREGOR VON NYSSA, De tridui spatio (Gregorii Nysseni Opera 9 GEBHARDT 276f); Testim. 6 (PG 64,213B).
[63] THEODORET VON CYRUS, Interpretatio in Jer. 11,19 (PG 81,576); vgl. G. W. ASHBY, Theodoret of Cyrrhus as exegete of the OT (Grahamstown 1972) 93.
[64] PS-CHRYSOSTOMUS [POLYCHRONIUS VON APAMEA], Comm. in Jer. 11,19 (PG 64,869A); zur Verfasserfrage dieser Stelle vgl. Clavis PG 3882; A. DE ALDAMA, Repertorium ps-chrysostomicum (Paris 1965) nr. 239; ALTANER/STUIBER, Patrologie (o. Anm. 2) 322; L. DIEU, Le commentaire sur Jérémie du Ps-Chrysostome serait-il l'oeuvre de Polychronius d'Apamée? : RevHistEccl 14 (1913) 687/701.
[65] LACTANTIUS, Inst. 4,18,27f (CSEL 19,1. Lactantius 1 BRANDT 357).
[66] HILARIUS, Tractatus mysteriorum 1,35 (CSEL 65. Hilarius 4 FEDER 26).
[67] AMBROSIUS, Expos. in ps. 118 16,33/7 (CSEL 62. Ambrosius 5 PETSCHENIG 369/71; Fid. 4,12,165 (CSEL 78. Ambrosius 8 FALLER 215); Explan. ps. 35,2f; 37,33f. 43/5; 39,14/6 (CSEL 64. Ambrosius 6 PETSCHENIG 50/1.161/4.171/4.219/22).
[68] HIERONYMUS, Comm. in Jer. 2,110,2 (CCL 74. Hieronymus 1,3 REITER 117).
[69] Belege bei DASSMANN, Jeremia (o. Anm. 1) 571.573.575f.584.609.613.615.617f.
[70] HIERONYMUS, Comm. in Jer. 3,74,1/4 (CCL 74. Hieronymus 1,3 REITER 165/7).

einer Stelle ist die Aufforderung Jahwes in 9,4: „Ziehe mitten durch die Stadt, durch Jerusalem, und präge ein Kennzeichen auf die Stirn der Männer, die über all die Greueltaten, die man in ihrer Mitte verübte, stöhnen und klagen". Origenes will neben σημεῖον in der LXX σημείωσις τοῦ θαῦ bei Aquila und Theodotion gelesen haben[71]. Da der Buchstabe Taw in manchen archaisch-hebräischen, samaritanischen oder phönizischen Schreibweisen die Form eines stehenden oder liegenden Kreuzes hatte, lag die Auslegung von Ez 9,4 als Besiegelung mit dem Kreuzzeichen nahe, die neben Origenes bereits Tertullian so formuliert: „Der Herr spricht zu mir: Gehe mitten durch das Tor, mitten durch Jerusalem und mache das Zeichen Tau auf die Stirne der Männer. Es ist nämlich der Buchstabe Tau der Griechen, unser T, Figur des Kreuzes, welches dereinst auf unserer Stirne getragen werden wird im wahren und katholischen Jerusalem"[72]. Bei der eschatologischen, soteriologischen und baptismalen Bedeutung des Kreuzeszeichens und der schon früh bezeugten Bekreuzigung wird das häufige Vorkommen der Ezechielstelle bei den Vätern verständlich[73].

3. Über das christologische Interesse hinaus kann die dogmengeschichtliche Entwicklung dazu führen, daß ein Prophetenwort, das über Jahrhunderte hinweg kaum oder gar keine Beachtung gefunden hat, plötzlich in den Mittelpunkt der theologischen Auseinandersetzung gerät. Ein Beispiel dafür findet sich bei Amos. Da es im ganzen Amosbuch keine eindeutig und notwendig christologisch zu deutende Aussagen von dem Rang gibt, wie sie in Mi 5,1/3, Sach 9,9 oder Mal 3,1/3 anzutreffen sind, beginnt dieser wahrlich nicht kleine unter den Kleinen Propheten die Väterexegese erst spät zu beschäftigen und kann noch im 4. und 5. Jahrhundert von einzelnen kirchlichen Autoren vollständig übergangen werden. Eine Ausnahme macht Am 4,13: „Denn siehe, Jahwe hat die Berge gebildet und den Wind erschaffen, er tut den Menschen seine Gedanken kund ... ‚Herr, Gott der Heerscharen' ist sein Name". Welche Brisanz diese auf den ersten Blick wenig auffällig erscheinende Aussage enthält, verrät wiederum erst die LXX-Version: Ἰδοὺ ἐγὼ στερεῶν βροντὴν, καὶ κτίζων πνεῦμα, in der das Machen (Erschaffen) des Pneuma von den Pneumatomachen des 4. Jahrhunderts auf die Geschöpflichkeit des Heiligen Geistes gedeutet wird. Um die Schwierigkeit zu beheben, kann man – wie z. B. Athanasius – exegetisch argumentierend erklären, daß πνεῦμα ohne Artikel

---

[71] ORIGENES, Selecta in Hes. 9 (PG 14,800); vgl. F. J. DÖLGER, Beiträge zur Geschichte des Kreuzzeichens II : JbAC 2 (1959) 15f; DASSMANN, Hesekiel (o. Anm. 1) 1165.
[72] TERTULLIAN, Adv. Marc. 3,22,5f (CCL 1. Tertullian 1 KROYMANN 539); DASSMANN, Hesekiel (o. Anm. 1) 1165.
[73] D. RAMOS-LISSÓN, La tipología soteriológica de la ‚Tau' en los padres latinos : ScriptTheol 10 (1978) 230/4.

oder sonstigen Zusatz in der Heiligen Schrift niemals den Heiligen Geist meint und in Am 4,13 entsprechend dem Donner πνεῦμα als Wind verstanden werden muß[74]; oder man kann – wie es Hieronymus in der Vulgata tut – bereits durch die Übersetzung: *quia ecce formans montes et creans ventum*, die dogmatische Klippe vermeiden[75]. Wer wie Ambrosius oder Fulgentius von Ruspe bei *spiritus* bleibt, muß sich weiterhin bemühen, das dogmatisch mögliche Mißverständnis auszuräumen oder wie Augustinus darauf vertrauen, daß der Textzusammenhang von vornherein den pneumatomachischen Mißbrauch der Stelle ausschließt[76].

Eine ähnliche Entdeckung wie Am 4,13 erfuhr die Weissagung über das verschlossene Tor des Tempels in Ez 44,1/3: „Dann brachte er mich zurück in Richtung nach dem äußeren Tor des Heiligtums, das nach Osten schaute; es war aber verschlossen. Der Herr sprach zu mir: ‚Dieses Tor bleibt verschlossen; es darf nicht aufgetan werden, und niemand darf durch dasselbe hineintreten; denn der Herr, der Gott Israels, ist hier eingezogen; darum bleibe es verriegelt. Nur der Fürst darf darin verweilen, um vor dem Antlitz des Herrn das Opfermahl zu verzehren ...'". Abgesehen von Justin, der den ἡγούμενος-Fürsten einmal in eine Testimonienreihe über die Messianität Jesu einreiht[77], und Origenes, der die verschlossene Pforte auf die Materie deutet, durch die Gott auf die Schöpfung einwirkt, und den Fürsten als Vorbild Christi sieht[78], blieb die Stelle jahrhundertelang unbeachtet. Aufmerksamkeit erregte sie erst im Zusammenhang mit der Entfaltung der Mariologie ab dem ausgehenden 4. Jahrhundert. Jetzt wird nicht nur in Traktaten und Kommentaren, sondern auch in Hymnen und liturgischen Texten das geschlossene Tempeltor, das der Herr durchschritten hat, ohne es zu öffnen, zum prophetischen Hinweis auf die immerwährende Jungfräulichkeit Mariens[79]. So interpretiert Ambrosius[80],

---

[74] ATHANASIUS, Ep. ad Serap. 1,3 (PG 26,536B); vgl. H. R. SMYTHE, The Interpretation of Amos 4,13 in St. Athanasius and Didymus : JournTheolStud 51 (1950) 158f.
[75] Biblia sacra iuxta Vulgatam versionem. Recensuit R. WEBER II (Stuttgart ³1983) 1391; vgl. HIERONYMUS, Comm. in Amos 4,12f (CCL 76. Hieronymus 1,6 ADRIAEN 268/72).
[76] DASSMANN, Amos (o. Anm. 1) 346f.
[77] JUSTIN, Dial. 118,2 (GOODSPEED 236).
[78] ORIGENES, Hom. in Hes. 14,1/3 (GCS 33. Origenes 8 BAEHRENS 450/4); vgl. W. NEUSS, Das Buch Ezechiel in Theologie und Kunst bis zum Ende des 12. Jhs. = BeitrGeschAltMönch 1/2 (1912) 41f.
[79] Dieser Aspekt ist sorgfältig untersucht worden; vgl. J. A. DE ALDAMA, La virginidad ‚in partu' en la exégesis patristica : Salmanticensis 9 (1962) 113/53; ders., Virgo Mater = BiblTheolGranadina 7 (Granada 1963) 129/82; K. HARMUTH, Die verschlossene Pforte. Eine Untersuchung zu Ez 44,1-3 (Diss. Breslau 1933); A. KASTING, Das verschlossene Tor Ez 44,1-3 : WissenschWeish 16 (1953) 179/82; A. MÜLLER, Ecclesia-Maria = Paradosis 5 (Freiburg i. d. Schweiz 1951) 207/10.
[80] AMBROSIUS, Inst. virg. 52/7 (PL 16,234f).

vielleicht angeregt durch Amphilochius von Ikonium[81], und Hieronymus stimmt zu, obwohl er natürlich um die näherliegende christologische Bedeutung der Stelle weiß, nach der das verschlossene Osttor die Heilige Schrift oder das Paradies meint, das Christus geöffnet hat und das dennoch verschlossen blieb, weil die Schrift und die Mysterien Gottes immer nur annähernd verstanden werden können. Aber er bekennt: „Schön ist die Auslegung mehrerer Exegeten, die unter dem verschlossenen Tor ... die Jungfrau Maria verstehen, die sowohl vor der Geburt als nach der Geburt beständig Jungfrau blieb ... Damit sollten die widerlegt werden, welche meinen, sie habe nach der Geburt des Erlösers dem Josef Söhne geboren"[82].

Die Kontinuität dieser Auslegung in den folgenden Jahrhunderten ist beeindruckend. Sie wird neben den bekannten Vätern in West und Ost wie Rufin, Sedulius, Johannes Cassianus, Isidor, Cyrill von Alexandrien, Theodoret, Severus von Antiochien und Johannes Damascenus auch von vielen pseudonymen und anonymen Schriften vorgetragen[83].

Bei der mariologischen Exegese von Ez 44,1/3 handelt es sich weniger um Auslegung als um Anwendung der Heiligen Schrift, wie sie für die patristische Zeit typisch ist. Das Begreifen der Heiligen Schrift erschließt sich schrittweise mit dem zunehmenden Glaubensverständnis. Die Wirkung ist wechselseitig. Aus der Heiligen Schrift kann nichts durch Auslegung erhoben werden, was dem lebendigen Glaubenssinn der Kirche widerspricht; bleibt wiederum die Auslegung in dem von der *regula fidei* abgesteckten Rahmen, kann sie sich zu einer Vielfalt von Interpretationen entfalten entsprechend der Unerschöpflichkeit der Heiligen Schrift, die niemals ganz oder endgültig verstanden werden kann[84]. Vor allem Augustinus hat auf die Glaubensregel der Kirche als hermeneutisches Prinzip der Schriftauslegung hingewiesen. In diesem Zusammenhang muß allerdings bemerkt werden, daß er die mariologische Verwendung von Jer 44,1/3 nicht aufgegriffen hat, obwohl er selbstverständlich die immerwährende Jungfräulichkeit Mariens vertritt[85].

Rätselhaft ist ein Wort Tertullians *de vaca illa, quae peperit et non peperit*, das bei Ezechiel zu finden sein soll und von Tertullian und von Gregor von Nyssa ebenfalls mariologisch gedeutet wird. Es ist nicht im kanonischen Eze-

---

[81] AMPHILOCHIUS VON IKONIUM, Oratio 2. In occursum Domini 3 (CCG 3 DATEMA 45/7).
[82] HIERONYMUS, Comm. in Hes. 44,1/3 (CCL 75. Hieronymus 1,4 GLORIE 646f); vgl. J. HUHN, Das Geheimnis der Jungfrau-Mutter Maria nach dem Kirchenvater Ambrosius (Würzburg 1954) 202f.
[83] Belege bei DASSMANN, Hesekiel (o. Anm. 1) 1180; ders., Ezechiel : Marienlexikon 2 (1989) 434.
[84] E. DASSMANN, Augustinus (Stuttgart 1993) 97.
[85] DE ALDAMA, Virginidad (o. Anm. 79) 137; R. HILLIER, Joseph the Hymnographer and Mary the Gate : JournTheolStud NS 36 (1985) 311/20.

chielbuch enthalten, sondern stammt aus einem Apokryphon Ezechielis jüdischen Ursprungs aus der Zeit von 50 vor bis 50 nach Christus, von dem einige Fragmente erhalten geblieben sind[86].

Es gibt noch zahlreiche weitere Stellen aus den Prophetenbüchern, die zur biblischen Begründung dogmatischer Sätze herangezogen worden sind. Für Ezechiel wäre zu verweisen auf das ἤλεκτρον-Hellgold, das zusammen mit dem Feuer in Ez 1,26 f nach Chalkedon die Zweinaturenlehre Christi abzusichern hilft, oder auf die Auswertung von Ez 37,1/14 mit der Vision über die Wiederbelebung der verdorrten Gebeine für die Auferstehungslehre[87], für Jesaja auf die als *locus classicus* der Jungfrauengeburt Mariens bereits erwähnte Stelle Jes 7,14[88]. Aus Joel haben die Arianer den Vers 2,25, in dem die Heuschrecken als ἡ δύναμις ἡ μεγάλη bezeichnet werden, benutzt, um den Hoheitstitel Christi als δύναμις τοῦ θεοῦ abzuwerten, wie Athanasius ihnen vorzuwerfen nicht müde wird[89]. Hab 2,4 stützt für viele Väter die Rechtfertigungslehre[90]; Hab 2,3 und viele andere Prophetenworte haben als Bausteine für die patristische Eschatologie gedient[91].

4. Außerordentlich stark sind die prophetischen Schriften auch in der frühchristlichen Sündenvergebungs- und Bußlehre vertreten, die neben der dogmatischen Seite eine moralisch-disziplinäre Bedeutung besitzt, was auf einen weiteren Aspekt in der frühchristlichen Prophetenexegese hinweist. Über die Bußlehre im engeren Sinn hinaus haben die Väter nämlich gern auf die prophetische Predigt zurückgegriffen, um mit ihrer Hilfe die eigenen Mahnungen und Weisungen zu bekräftigen, die auf eine christliche Lebensgestaltung abzielen.

Das gilt z.B. für das Fasten, das in der gesamten frühchristlichen Spiritualität einen hohen Stellenwert besitzt. Notwendigkeit, Motivation, Vernachlässigung und Mißbrauch des Fastens haben die Väter stark beschäftigt. Ein wichtiger Prophetentext, der gleichsam zum Kern der frühchristlichen Fastenlehre geworden ist, findet sich in Joel 1,13/5 und 2,12/7. Joel 2,12 f: „Bekehrt euch zu mir von ganzem Herzen mit Fasten, Weinen, Klagen! Zerreißt dabei euer Herz und nicht eure Kleider, bekehrt euch zum Herrn, eurem Gott. Denn

---

[86] E. DASSMANN, Ezechiel, Ezechielschriften. II. Apokryphe Schriften : LThK³ 3 (1995) 1143.
[87] DASSMANN, Hesekiel (o. Anm. 1) 1163.1173/6.
[88] JAY, Jesaja (o. Anm. 1) 814 f.
[89] STARK, Joel (o. Anm. 1).
[90] STROBEL, Habakuk (o. Anm. 1) 220 f.
[91] Vgl. z.B. Jes 60; 66,18/24; Jer 30 f; Ez 38 f (Gog und Magog); Dan 7 (vier Tiere und Menschensohn); Joel 4,2.12 (Tal Josaphat); Amos 5, 18/20; B. DALEY, Eschatologie. In der Schrift und Patristik = HbDogmGesch IV, 7a (Freiburg/ Basel/ Wien 1986) passim.

gnädig ist er und barmherzig, langmütig und reich an Güte; er läßt sich des Unheils gereuen", weist ab dem 5. Jahrhundert als Einleitung von Fastenpredigten auch auf die liturgische Verwendung des Textes hin[92]. Mit Joel betonen die Väter, daß Fasten in der rechten Gesinnung zu erfolgen hat, nicht Selbstzweck sein darf und mit guten Werken verbunden werden muß. Erst zusammen mit dem Üben von Gerechtigkeit und Almosengeben wird die Selbstkasteiung zu einem Gott wohlgefälligen Fasten. Diese Verknüpfung, die häufig im Zusammenhang mit Kult- und Opferkritik vorgetragen wird, ist allen Propheten eigen[93]. Die Übernahme und Aktualisierung der Prophetenworte auf ethischem Gebiet machte den Vätern keine Mühe; schon Jesus und die neutestamentlichen Schriften hatten sie aufgegriffen, und die polemisch motivierte Absetzung der kirchlichen Fastenpraxis von jüdischen Fastenbräuchen war längst geschehen. Gerade die Moralpredigt der Propheten konnte ohne exegetische Mühen und allegorische Umwege im Literalsinn übernommen werden, da sie die Ethisierung und Verinnerlichung der kultischen und zeremoniellen Forderungen der Thora schon selbst geleistet hatte. In den neun von Leo dem Großen erhaltenen Predigten über das Herbstfasten werden diese Zusammenhänge paradigmatisch dargestellt[94], die schon Klemens von Alexandrien kurz skizziert hatte[95]. Als Paradestelle für die positiven Wirkungen des Fastens, zumal wenn es mit Umkehr und guten Werken verbunden ist, gilt vielen Vätern Jona 3,1/10[96] mit dem Bericht über die Predigt des Propheten in Ninive. Die Verwendung dieser Stelle beginnt bereits im römischen Klemensbrief[97] und bei Justin[98] und durchzieht die gesamte patristische Literatur.

Auf die schier allgegenwärtige Präsenz der Propheten in der patristischen Sittenpredigt braucht hier nicht weiter eingegangen zu werden, ebensowenig auf die zahlreichen Sonderanwendungen bestimmter Prophetenworte bei einzelnen Vätern, wie z.B. die Begründung des Verbots der Schwagerehe bei Basilius[99] oder des Vorrangs der Seelsorge vor der Medizin bei Gregor von Nazianz[100] mit Am 2,7 oder den Hinweis auf den Tadel als Arznei gegen geistliche Krankheiten in der Basiliusregel mit Berufung auf Jer 8,22[101]. Sie bieten

---

[92] STARK, Joel (o. Anm. 1).
[93] Z. B. Jes 1,11/3; 58, 1/12; Jer 14,12; Sach 7,5/10.
[94] Besonders LEO D. GR., Tract. 87,3; 88,1; 89,1; 92,2 (CCL 138A CHAVASSE 543f.546.551.569f.).
[95] KLEMENS VON ALEXANDRIEN, Paed. 3,90,1/4 (GCS Clemens Alexandrinus 1³ STÄHLIN/TREU 285f).
[96] Vgl. die Stellenangaben in Biblia Patristica 1/6 (Paris 1975/95).
[97] 1 CLEM. 7,7 (FUNK/BIHLMEYER² 39,6/8).
[98] JUSTIN, Dial. 107,2f (GOODSPEED 223f).
[99] BASILIUS, Ep. 160,3 (CUFr COURTONNE 2,90)
[100] GREGOR VON NAZIANZ, Oratio 2,20 (SChr 247 BERNARDI 116).
[101] BASILIUS, Reg. fus. 55,3 (PG 31,1048A); vgl. K. S. FRANK, Basilius von Caesarea. Die Mönchsregeln (St. Ottilien 1981) 191.

keine exegetischen Erkenntnisse, sondern dokumentieren meist nur die biblische Belesenheit des kirchlichen Autors.

Hingewiesen sei dagegen noch auf einige Prophetenworte, in denen die Väter Hauptanliegen ihrer spirituellen Unterweisung ausgesprochen fanden. Das gilt z. B. von dem Hunger nach dem Wort Gottes in Am 8,11. Kein anderer Vers als dieser, der wahrscheinlich nicht zum ursprünglichen Amosgut, sondern zur späteren deuteronomistischen Redaktion gehört[102], ist so häufig aufgegriffen worden wie die Weissagung: „Siehe, es kommen Tage ..., da sende ich Hunger ins Land, nicht Hunger nach Brot, nicht Durst nach Wasser, sondern nach dem Hören des Gotteswortes". Mit dieser Weissagung verband sich die Vorstellung, daß der Mensch nicht allein vom Brot lebt, sondern von jedem Wort, das aus dem Munde Gottes stammt; sie findet sich bereits Dtn 8,3 und wird von Jesus in Mt 4,4 (vgl. Lk 4,4) wiederholt. Vor allem die großen Exegeten unter den Vätern wie Origenes oder Hieronymus haben den Satz immer wieder aufgegriffen. Aber auch andere Väter wie Chromatius, Cassiodor oder Gregor der Große zitieren ihn als ein Wort des Amos, als Prophetenspruch oder einfach als Wort der Heiligen Schrift[103]. Ob bei knappen Formulierungen wie *cibus verus* oder *fames verbi* noch die Herkunft der Vorstellung aus Amos bewußt ist, kann bezweifelt werden. Das Wissen um den heilsamen Hunger nach dem Gotteswort ist durch das Amoswort zum spirituellen Allgemeinbesitz der Kirche geworden.

Stellen aus Ezechiel (vgl. 3,17/21; 33,1/9; 34,1/24), die breiten Widerhall gefunden haben, enthalten Mahnungen des Propheten an die Wächter und Hirten des Volkes, die neben ihrer Bußauslegung von den Vätern sehr konkret auf ämtertheologische und kirchenpolitische Fragen angewendet worden sind. Manche kirchlichen Amtsträger beziehen einzelne Mahnungen bzw. Vorwürfe des Propheten auf ihre eigene Person. Sie weisen darauf hin, daß es Aufgabe des Bischofs als *speculator omnium* ist, den Sünder mit Wort und Tat zur Umkehr zu bewegen oder zu strafen, wenn sie selbst gerettet werden wollen. Bei Tertullian und Cyprian wird mit den Ezechielstellen in der Auseinandersetzung um die Möglichkeit einer Wiederaufnahme der vom Glauben Abgefallenen in die Kirche argumentiert[104], ebenso bei der Frage, ob kirchliche

---

[102] H. W. WOLFF, Dodekapropheton 2 = Biblischer Kommentar. Altes Testament 14,2 (Neukirchen-Vluyn ²1975) 379f; W. H. SCHMIDT, Alttestamentlicher Glaube in seiner Geschichte (Neukirchen-Vluyn ⁶1987) 296f.
[103] Belege bei DASSMANN, Amos (o. Anm. 1) 348f.
[104] Z. B. 2 CLEM. 15,1 (FUNK/BIHLMEYER² 78,10/3); FAUSTUS VON RIEZ, Sermo 11 (CSEL 21 ENGELBRECHT 263); PS-CYPRIAN, De duodecim abusiuis saeculi 10 (CSEL 3,3. Cyprian 3 HARTEL 168).

Vorsteher in der Verfolgung fliehen dürfen[105]. Johannes Chrysostomus verteidigt mit den schweren Anforderungen, die Ezechiel an das Hirtenamt stellt, seinen früheren Entschluß, sich der Übernahme des Priesteramtes zu entziehen[106]. Was alles vom Bischof verlangt wird, wenn er den Forderungen des Propheten gerecht werden will, zählt Gregor der Große einmal im Anschluß an Ez 3,17 auf: „Ich sehe mich genötigt, bald Streitfragen von Kirchen, bald die von Klöstern zu schlichten, mich oft auch um die Lebensumstände und Tätigkeiten einzelner zu kümmern. Ein andermal ist es die Sorge um die Anliegen der Bürger, die Schrecken der hereinbrechenden Schwerter der Barbaren, die Angst vor den Wölfen, die der anvertrauten Herde nachstellen"[107]. Das kirchliche Wächteramt erfordert gleichsam einen Rundumblick. Die Lebensführung der Christen in der eigenen Gemeinde muß – wenn nötig – korrigiert, Häretiker müssen abgewehrt, staatliche Ansprüche in die Schranken gewiesen werden. Gerade auch gegenüber den christlichen Kaisern müssen der rechte Glaube und die Freiheit der Kirche gewahrt werden. Mit Berufung auf Ezechiel zieht Ambrosius darum Kaiser Theodosius wegen des Blutbades von Thessalonike zur Rechenschaft oder verbietet ihm, den Wiederaufbau der Synagoge von Kallinikum zu veranlassen. Mit Ezechiel wendet sich Facundus von Hermiane gegen Papst Vigilius wegen seines Versagens im Dreikapitelstreit[108].

Diese wenigen Bemerkungen über Fasten, Schriftfrömmigkeit und Hirtenpflicht sind nicht mehr als ein paar Beispiele für die unerschöpfliche Fülle von Anregungen, welche die Väter für Sittenlehre, Moralpredigt und christliche Lebensgestaltung aus den Propheten geschöpft haben. Dabei haben längst nicht alle Prophetenworte die Qualität von geoffenbarten Wahrheiten, die sonst nirgends zu finden gewesen wären. Manche Mahnung hätte ebensogut mit dem Ausspruch eines stoischen Philosophen unterstrichen oder mit der eigenen Lebenserfahrung begründet werden können. Wenn die Väter in einem solchen Ausmaß mit den Propheten argumentieren, dann wegen der Autorität, die sie wie die Apostel als vom Geist Gottes erfüllte Menschen besitzen, und um mit Prophetenworten in biblischer Sprache zu reden. Die Heilige Schrift liefert das Gewand, in welches die eigenen Gedanken gekleidet werden.

---

105 CYPRIAN, Ep. 57,4; 68,4 (CSEL 3,2. Cyprian 2 HARTEL 654f.747); TERTULLIAN, Fug. 11,2 (CCL 2. Tertullian 2 THIERRY 1149); vgl. B. KÖTTING, Darf ein Bischof in der Verfolgung die Flucht ergreifen? : ders., Ecclesia peregrinans 1 = MünstBeitrTheol 54,1 (Münster 1988) 536/48.
106 JOHANNES CHRYSOSTOMUS, Sac. 6,1 (SChr 272 MALINGREY 306).
107 GREGOR D. GR., Hom. in Hes. 1,11,6 (CCL 142 ADRIAEN 171).
108 Belege bei DASSMANN, Hesekiel (o. Anm. 1) 1173.

5. Diese Beobachtung leitet zu einem letzten Gesichtspunkt über, der das Vorkommen und die Auswahl vieler Prophetenworte in der frühchristlichen Literatur erklären kann: Ihre sprachliche Kraft, die Einprägsamkeit der Formulierungen, die Anschaulichkeit der Bilder haben die Väter fasziniert und zu einer mit prophetischen Wendungen gesättigten Sprechweise geführt.

Das ist zu beachten, wenn in Editionen oder patristischen Untersuchungen die Auflistung der biblischen Testimonien ausgewertet wird[109]. Es gibt biblische Bilder und Vergleiche von solcher suggestiven Kraft, daß sie nicht nur in verschiedenen alt- und neutestamentlichen Schriften abgewandelt werden, sondern auch so sehr in den Sprachschatz eines frühchristlichen Schriftstellers eingehen, daß er sie verwenden kann, ohne sich ihres Ursprungs bewußt zu sein. Das gilt z. B. von dem bereits angesprochenen Hirtenbild, das außer im Ezechielbuch bei Jesaja 23,1/4, Jeremia 3,15; 23,16f; 31,10, in mehreren Psalmen und nicht zuletzt im 10. Kapitel des Johannesevangeliums vorkommt. Wenn nicht wörtlich zitiert, der Name des biblischen Autors erwähnt oder ein nur für einen bestimmten Text charakteristischer Zug angeführt wird, ist ein eindeutiger Hinweis auf die biblische Herkunft der patristischen Formulierung nicht möglich.

Ein weiteres Beispiel liefert das Bild vom Töpfer, das Paulus Röm 9,21 gebraucht. Da neben Jer 18,3/6 und 19,11 auch mehrere andere alttestamentliche und zwischentestamentarische Schriften, Jesaja, Hiob, das Weisheitsbuch, Ps.-Salomon und das Testament der zwölf Propheten, das Töpferbild verwenden[110], lassen sich Ableitungen und Abhängigkeiten unmöglich präzis angeben[111]. Das trifft übrigens ebenso für die zahlreichen anderen Beziehungen zu, die man zwischen Jeremia und Paulus geglaubt hat feststellen zu können, so daß Jeremia von manchen Exegeten zum großen Vorbild des Paulus hochstilisiert worden ist[112]. Das Jeremia-Buch besitzt fraglos einprägsame Wendungen, etwa vom Gesetz, das in das Herz geschrieben wird (Jer 31,33), vom vergeblichen Rühmen des Weisen (Jer 9,22), von der Berufung vom Mutterschoß an (Jer 1,5), vor allem die Verheißung des neuen Bundes (Jer 31,31), die sich in den

---

[109] F. STUHLHOFER, Der Ertrag von Bibelstellenregistern für die Kanongeschichte : ZeitschrAltt-Wiss 100 (1988) 244/61.
[110] Jes 29,16; 45,9; 64,7; Hiob 10,9; 33,6; Weish 15,7; Sir 33,13; Ps-Salom 17,23; Test XII Naph 2,2.
[111] Auf Jer 18,6 scheinen u. a. zu rekurrieren: 2 CLEM. 8,1/3 (FUNK/BIHLMEYER² 74); THEOPHILUS, Autol. 2,26 (SChr 20, 164 BARDY); ORIGENES, Comm. in Rom. 7,17 (PG 14,1148); Fragmenta in Lament. 94 (GCS 6. Origenes 3 KLOSTERMANN 269); Hom. in Num. 16,4 (GCS 30. Origenes 7 BAEHRENS 142f); METHODIUS, Convivium 3,5 (SChr 95 MUSURILLO/DEBIDOUR 98); EPHRAEM, Op. (S 2,131 EF); BASILIUS, Comm. in Jes. 5,144 (PG 30,352f); JOHANNES CHRYSOSTOMUS, Hom. in Mt. 64,1 (PG 57, 609); EPIPHANIUS, Haer. 64,35,9.37,1 (GCS Epiphanius 2² HOLL/DUMMER 456.51f); HILARIUS, Tractatus super Ps. 2,39/41 (CSEL 22 ZINGERLE 66/8).
[112] K. H. RENGSTORF : TheolWbNT 1 (1933) 440.

paulinischen Briefen wiederfinden. Eine genauere Analyse ergibt jedoch, daß ihre Herleitung aus Jeremia nicht zwingend ist[113]. Was im Hinblick auf Paulus zu beobachten ist, das gilt es in der Folgezeit auch für die Väter zu beachten.

Auf der anderen Seite enthält vor allem Jeremia – ähnlich wie Hiob – eine große Zahl so charakteristischer Formulierungen, daß ihre Verwendung im späteren kirchlichen Schrifttum nur auf diesen Propheten zurückgehen kann, mag es dem Schriftsteller, der sie gebraucht, bewußt gewesen sein oder nicht. Neben dem bereits erwähnten Bild vom „arglosen Lamm" und dem Töpfergleichnis[114] sei nur noch auf die „löchrigen Zisternen" (Jer 2,13), den Vergleich bestimmter Menschen mit „geilen Hengsten" (Jer 5,8) sowie das Bildwort vom „Säen in die Dornen" (Jer 4,3) hingewiesen.

In Jer 2,13 klagt der Prophet: „Eine zweifache Untat verübte mein Volk! Es verließ mich, den Quell sprudelnden Wassers, um sich Zisternen zu graben, Zisternen mit Rissen, die das Wasser nicht halten". Verständlich, daß dieser vor allem in heißen Ländern sprechende Vergleich zu zahlreichen Übertragungen reizte. Justin stellt mit Hinweis auf ihn die christliche Taufe neben die jüdische Beschneidung[115] oder – indem er seine Argumentation noch mit Stellen aus Jesaja, Ezechiel und dem Matthäusevangelium verknüpft – das geistliche Schriftverständnis der Christen dem fleischlichen der Juden gegenüber[116]. Cyprian verwendet die Stelle wieder im baptismalen Kontext[117], Origenes in zahlreichen Schriften im Hinblick auf die Heilige Schrift[118]. Lactantius vergleicht die trockenen Brunnen mit den Häretikern, die sich vom lebendigen Wasser abgewandt haben[119]. Auch im 4. Jahrhundert geht die Verwendung von Jer 2,13 lückenlos weiter. Unter den östlichen Theologen sind Eusebius[120], Athanasius (in Kombination mit Jer 17,13 und Baruch 3,12)[121], Didymus[122], Basi-

---

[113] DASSMANN, Jeremia (o. Anm.1) 558/60.
[114] Vgl. o. S. 27.
[115] JUSTIN, Dial. 14,1; 19,2 (GOODSPEED 106.111).
[116] JUSTIN, Dial. 140,1/4 (GOODSPEED 262); zum Vorwurf, die Juden mißverstünden die Propheten, vgl. S. HEID, Frühjüdische Messianologie in Justins ‚Dialog': JbBiblTheol 8 (1994) 235 u. Anm. 123.
[117] CYPRIAN, Unit. eccl. 11 (CSEL 3,1. Cyprian 1 HARTEL 219).
[118] ORIGENES, Hom. in Num. 12,4; 17,4 (GCS 30. Origenes 7 BAEHRENS 106.161); Selecta in Ps. 17,15f; 27,1 (PG 12,1229.1284); Expositio in Prov. 27,40 (PG 17,241).
[119] LACTANTIUS, Inst. 4,30,1 (CSEL 19,1. Lactantius 1 BRANDT 394).
[120] EUSEBIUS, Comm. in Jes. 1,81.84; 2,46 f.56 (GCS Eusebius 9 ZIEGLER 145 f.160.355.360.395 f).
[121] ATHANASIUS, Oratio contra Arianos 1,19 (PG 26,49C); Decr. Nicaen. 12,2 (Athanasius Werke 2,1 OPITZ 10f); Ep. Serap. 1,19 (PG 26,573).
[122] DIDYMUS, Trin. 2,6,22,2 (BKP 52 SEILER 178).

lius[123], Gregor von Nyssa[124], Johannes Chrysostomus[125] und Epiphanius[126] zu nennen. Im Westen kann Ambrosius die vielfältigen Anwendungsmöglichkeiten des Verses verdeutlichen. Er benutzt ihn, um zu erklären, daß Gott zugleich verzehrendes Feuer und Quell des Heils sein kann[127], um die Nichtigkeit der Häretikertaufe und die Nutzlosigkeit jüdischer Waschungen zu betonen[128] oder auf die Sehnsucht der Kirche insgesamt oder der einzelnen Seele nach der wahren Gottesweisheit hinzuweisen[129].

In Vers 5,8 klagt Jeremia über die Verkommenheit Jerusalems, dessen männliche Bewohner Ehebruch treiben und ins Dirnenhaus gehen. „Wie Hengste wurden sie, feist und geil. Jeder wieherte nach seines Nächsten Weib". Daß dieser drastische Hinweis auf die ἵππους θηλυμανεῖς bzw. die *equos adhinnientes* sich dem Gedächtnis der Kirchenväter eingeprägt hat, verwundert nicht. Und so findet man ihn aufgegriffen und auf Glaubensabfall, Unbeherrschtheit und sexuelle Verirrungen angewandt bei Irenäus, Klemens, Origenes, Methodius, Eusebius, Athanasius, Basilius, Gregor von Nazianz, bei zahlreichen westlichen Vätern und in der Mönchsliteratur[130].

Ähnlich eindrucksvoll ist Jeremias Warnung in Vers 4,3: „Denn also spricht der Herr zu den Leuten von Juda und zu Jerusalem: ‚Brecht euch einen Neubruch um und sät nicht in die Dornen!'" Das Säen *super spinas*, das die Kirchenväter gewiß auch an die verschiedenen Fassungen des Sämanngleichnisses im Neuen Testament erinnert hat (Mt 13,3/9; Mk 4,1/9; Lk 8,4/8), wird häufig in Verbindung mit Reflexionen über die Wirkung des Wortes Gottes aufgegriffen von Justin[131], Tertullian[132], Hippolyt[133] und besonders intensiv von Origenes, dem das Fruchtbarwerden der biblischen Botschaft ein ständiges Anliegen ist. In der 5. Jeremia-Homilie erläutert er ausführlich, was dieses Wort sowohl für den Lehrenden wie für den Hörenden bedeutet[134].

---

[123] BASILIUS, Ep. 8,2; 46,3 (CUFr COURTONNE 1,23f.120f).
[124] GREGOR VON NYSSA, Comm. in Cant. 9,4,15 (Gregorii Nysseni Opera 6 LANGERBECK 292).
[125] JOHANNES CHRYSOSTOMUS, Hom. in Rom. 3,2 (PG 60,413).
[126] EPIPHANIUS, Anc. 19,2 (GCS 25. Epiphanius 1 HOLL 27).
[127] AMBROSIUS, Off. 1,24,105 (CUFr TESTARD 146f).
[128] Oder Jer 15,18; vgl. AMBROSIUS, Myst. 4,23 (CSEL 73. Ambrosius 7 FALLER 98).
[129] AMBROSIUS, Isaac 1,2 (CSEL 32,1. Ambrosius 1 SCHENKL 642f); weitere Stellen vgl. DASSMANN, Jeremia (o. Anm. 1) 617.
[130] Vgl. Biblia Patristica 1 (1975) 162f; 2 (1977) 162; 3 (1980) 129; 4 (1987) 126; 5 (1991) 194; 6 (1995) 88.
[131] JUSTIN, Dial. 28,2f (GOODSPEED 122).
[132] TERTULLIAN, Adv. Marc. 1,20,4; 4,1,6; 4,11,9; 5,4,10; 5,13,7; 5,19,11 (CCL 1. Tertullian 1 KROYMANN 461.546.567.674.703.723); Adv. Iud. 3,7. 6,2 (CCL 2. Terullian 2 KROYMANN 1345f.1353f); Pud. 6,2 (CCL 2. Tertullian 2 DEKKERS 1289).
[133] HIPPOLYT, Paschahomilie 10,1f (SChr 27 NAUTIN 137/9).
[134] ORIGENES, Hom. in Jer. 5,13 (GCS 6. Origenes 3 KLOSTERMANN 41/3); vgl. noch Hom. in Num. 23,8 (GCS 30. Origenes 7 BAEHRENS 220); Hom. in Iud. 7,2 (ebd. 505f); Fragm. in Mt.

Die Wirkungsgeschichte des „Dornenwortes" ließe sich leicht weiterverfolgen; ebenso unschwer ließen sich zusätzliche sozusagen geflügelte Worte bei Jeremia und bei anderen Propheten angeben. Bei Jesaja sei an die Sieben Gaben des Geistes Gottes (11,2), das „Tauet Himmel" (45,8) oder an das Bild vom glimmenden Docht und dem geknickten Rohr (42,3) erinnert. Doch die wenigen erwähnten Stellen mögen genügen, um zu zeigen, daß neben dem typologisch-christologischen, dogmatischen oder moralischen Gehalt auch die Plastizität einer Formulierung das Weiterwirken eines Prophetenwortes in der frühchristlichen Verkündigung beeinflußt haben kann.

IV.

Der Einleitungssatz des Hebräerbriefes: „Viele Male und auf vielerlei Weise hat Gott einst zu den Vätern gesprochen durch die Propheten" (1,1), hat dazu beigetragen, daß ohne Vorbehalte und Einschränkungen die Prophetenschriften des Alten Testamentes von Anfang an in die kirchliche Verkündigung integriert worden sind. In welchem Maße und auf welche Weise, dazu wurde im Vorhergehenden einiges mitgeteilt. Es ging dabei weniger um Theorien über patristische Schrifthermeneutik, Regeln allegorischer Schriftdeutung, die literarische oder historische Angemessenheit oder Fruchtbarkeit der Väterexegese[135], sondern mehr um eine Tatsachenbeschreibung. Zunächst wurde gefragt, welche Väter sich durch Kommentare, Homilien oder auf andere Weisen der Auslegung mit den Prophetenschriften befaßt haben und in welchem Verhältnis die Prophetenexegese zum Bemühen um die Rezeption der übrigen alttestamentlichen Schriften steht. Nicht eingegangen werden konnte auf den Charakter der einzelnen Kommentare. Aus welchem Anlaß sie entstanden, zu welchem Zweck und für wen sie geschrieben worden sind, kann verschieden beantwortet werden und müßte in jedem Einzelfall genauer untersucht werden – wozu die Vorarbeiten noch weithin fehlen[136]. Das Interesse mancher patri-

---

294 (GCS 41,1 Origenes 12,1 BENZ/ KLOSTERMANN 131); Fragm. in Luc. 30,9,62 (GCS 35. Origenes 9 RAUER 247).

[135] Vgl. dazu aus neuerer Zeit M. SIMONETTI, Lettera e/o allegoria (Rom 1985); CH. JACOB, Allegorese: Rhetorik, Ästhetik, Theologie: Neue Formen der Schriftauslegung. Hrsg. von TH. STERNBERG = QuaestDisp 140 (Freiburg 1992) 131/63; ders., Der Antitypos als Prinzip ambrosianischer Allegorese. Zum hermeneutischen Horizont der Typologie : StudPatr 25 (Leuven 1993) 107/114; DASSMANN, Augustinus (o. Anm. 84) 54/72; J. PEPIN, Hermeneutik : RAC 14 (1988) 751/71 (mit Literatur).

[136] B. STUDER, Delectare et prodesse. Zu einem Schlüsselwort der patristischen Exegese : ders., Dominus Salvator. Studien zur Christologie und Exegese der Kirchenväter = StudAnselm 107 (Rom 1992) 431/61.

stischer Kommentatoren richtet sich durchaus auf textkritische und historische Fragen. Väter wie Eusebius, Ephraem oder Theodoret, aber auch Hieronymus wollen Informationen zu Personen, Orten und Sachen in den untersuchten Schriften geben, deren Wert bis heute nicht vergangen ist. Der Einfluß der großen Schulen von Antiochien und Alexandrien macht sich bemerkbar und beeinflußt das Ausmaß allegorischer Auslegung[137]. Neben persönlichen Interessen und schulischen Vorgaben können auch kirchliche Situationen und dogmatische Kontroversen die Kommentare beeinflussen. So macht sich z. B. bei Hieronymus oder Julian von Aeclanum der pelagianische Streit in den Prophetenkommentaren deutlich bemerkbar[138].

Kommentare und Homilien über alttestamentliche Schriften enthalten nur einen Teil der frühchristlichen Prophetenexegese. Auch Väter, die keinen Propheten kommentiert oder zusammenhängend über ihn gepredigt haben, haben Prophetenworte zitiert und mit ihnen argumentiert. Nach welchen Kriterien haben sie dabei ausgewählt? Hier spielen zunächst Neigungen und Bibelkenntnisse eine Rolle. Bibelkundige Autoren fügen oft Zitate oder Anklänge an Prophetenworte wie einen Flickenteppich aneinander, wobei dem einzelnen Ausspruch kein großes Gewicht zukommt, insgesamt sich aber eine von biblischer Sprache gesättigte Diktion ergibt. Andere Väter – wie z. B. Cyprian – bringen sehr viel seltener biblische Zitate, die dafür aber länger sind und argumentativ ausgewertet werden.

Sehr nüchtern wird man auch in Betracht ziehen müssen, daß vor allem in der Frühzeit die Kenntnis der Propheten von den verfügbaren Texten abhing – und das werden nicht immer vollständige Kodizes, sondern oft genug unvollständige Handschriften, Exzerpte oder Zusammenstellungen von Testimonien gewesen sein, worüber ebenfalls noch eingehender geforscht werden müßte[139]. Neben diese äußeren Auswahlkriterien treten innere, allen voran die heilsgeschichtliche Verkündigung, die von Anfang an mit dem Schema von Verheißung und Erfüllung aufgeschlüsselt wurde. Auch wenn dieser Schlüssel nach heutigem exegetischen Verständnis nur unzulänglich oder gar nicht

---

[137] CH. SCHÄUBLIN, Untersuchungen zu Methode und Herkunft der antiochenischen Exegese = Theophaneia 23 (Köln/Bonn 1974); F. A. SPECHT, Der exegetische Standpunkt des Theodor von Mopsuestia und des Theodoret von Kyros in der Auslegung messianischer Weissagungen (München 1871); TH. HAINTHALER, Antiochenische Schule und Theologie : LThK³ 1 (1993) 766f; W. BIENERT, Alexandrinische Schule : ebd. 377/9; PEPIN, Hermeneutik (o. Anm. 135) 762/6.

[138] HIERONYMUS, Comm. in Jer. prol. 3f (CCL 74. Hieronymus 1,3 REITER 1f): Pelagius als *indoctus calumniator*; vgl. G. GRÜTZMACHER, Hieronymus 3 (1908) 212/21; DASSMANN, Jeremia (o. Anm. 1) 598.

[139] Vgl. o. S. 13/6.

paßt[140], am Anfang sicherte er das Überleben der Kirche, die sich nicht als eine neuerfundene Sekte, sondern als das von Urzeiten von Gott gewollte und von den Propheten vorhergesagte neue Israel zu begreifen lernte. Die Propheten hatten dazu den Weg gewiesen und waren für die Selbstfindung der Kirche unverzichtbar. Es dauerte eine beträchtliche Zeit, ehe Gregor der Große sagen konnte: „Wenn das Evangelium spricht, muß der Prophet verstummen"[141].

---

[140] Vgl. die in JbBiblTheol 8 (1994) enthaltenen Beiträge, bes. W. H. SCHMIDT, Aspekte der Eschatologie im Alten Testament 11f; E. ZENGER, „So betete David für seinen Sohn Salomo und für den König Messias". Überlegungen zur holistischen und kanonischen Lektüre des 72. Psalms 59f.71f.
[141] GREGOR D. GR., Hom. in Hes. 1,10,6 (CCL 142 ADRIAEN 146f).

Diskussion

Herr Mettmann: Ich habe nur eine Wissensfrage. Wann ist die Änderung des Kanons der Propheten erfolgt? In der hebräischen Bibel werden ja nur drei große Propheten angeführt und dann die zwölf kleinen, also nur Jesaja, Jeremia und Ezechiel und dann die zwölf kleinen Propheten, während in der hebräischen Bibel das Buch Daniel nicht in der Sektion der Prophetenbücher erscheint.

Herr Dassmann: Für die Kirchenväter gehört Daniel zu den Propheten, auch wenn sie – wie Hieronymus – dem hebräischen Kanon der zweiundzwanzig Bücher folgen. Hieronymus ordnet in der Vulgata Daniel hinter Ezechiel ein, weiß jedoch sehr wohl, daß Daniel in der hebräischen Bibel zu der Gruppe der „Schriften" zählt. Für die Väter, die den erweiterten Kanon der Septuaginta zugrunde legen, zählt Daniel sowieso zur Gruppe der Propheten. Wohl empfanden sie einen Unterschied zwischen ihm und den anderen Schriftpropheten.

Herr Mettmann: Vielleicht weil Daniel mehr als historische Persönlichkeit empfunden wurde als die anderen Propheten.

Herr Dassmann: Die Reihenfolge der Propheten war schon in den Rabbinenschulen verschieden. Im Evangelium fragt Jesus die Jünger: „Für wen halten die Leute den Menschensohn?" Sie antworten: „Die einen für Johannes den Täufer, andere für Elija, wieder andere für Jeremia oder sonst einen Propheten" (Mt 16,13f). Warum wird hier Jeremia statt des zu erwartenden Jesaja genannt? Wahrscheinlich gab es Kodizes, welche die Prophetenschriften mit Jeremia begannen. Er galt als Unheilsprophet, Ezechiel als Heils- und Unheilsprophet, Jesaja nur als Heilsprophet. Diese Steigerung wäre eine Begründung dafür, warum man die prophetischen Bücher auch mit Jeremia beginnen lassen konnte. Andere Kodizes werden eine andere Reihenfolge gehabt haben.

Herr Honecker: Ich möchte hier noch die Informationsfrage nach der Sprache anschließen, die dem Text zugrunde lag. Septuaginta und Masora unterscheiden sich ja erheblich, und soviel ich weiß, waren die Griechischkenntnisse von Augustinus mäßig. Was war die Sprache der Textvorlagen? Kann man dazu noch etwas sagen?

Herr Dassmann: Die griechischen Väter benutzten in der Regel die Septuaginta. Im Vortrag habe ich der Übersetzung des masoretischen Textes mehrfach die Septuagintaversion hinzugefügt, die sich von der hebräischen Vorlage in der Tat sehr häufig erheblich unterscheidet.

Der Septuaginta-Text des Jeremia ist z. B. um ein Achtel kürzer als der masoretische, wobei die Alttestamentler darüber streiten, ob dem jetzt maßgeblichen Text der Bibel nicht schon eine kürzere hebräische Fassung vorausgelegen hat. Das könnte bedeuten, daß die Septuaginta nicht willkürlich gekürzt hat, sondern auf einer verläßlichen kürzeren Version des Jeremia-Buches fußt.

In anderen Büchern – vor allem bei Ezechiel – läßt sich nachweisen, daß die Septuaginta ihre Vorlage aus apologetischen oder dogmatischen Gründen verändert hat. Solche Tendenzen werden z. B. in der Vision vom Thronwagen Jahwes (Ez 1,4/28) spürbar, dessen babylonische Herkunft entschärft wird. Hebraismen und Orientalismen werden umformuliert, damit sie griechisch-hellenistischen Ohren verständlicher klingen.

Herr Honecker: Und bei den lateinischen Kirchenvätern?

Herr Dassmann: Bei den lateinischen Vätern geht eigentlich nur Hieronymus in seinen späteren Jahren auf den masoretischen Bibeltext zurück, als er sich daran macht, die lateinische Übersetzung der Vulgata zu schaffen. Es dauert allerdings einige Zeit, bevor die Vulgata in der westlichen Kirche anerkannt und verwendet wird. Augustinus hat sich Zeit seines Lebens geweigert, sie zu gebrauchen – vielleicht weil er dem Hieronymus nicht in allem wohl gesonnen war, vielleicht auch aus Respekt vor dem in der nordafrikanischen Kirche benutzten altehrwürdigen lateinischen Text der Itala.

Die aus der Verwendung verschiedener lateinischer Übersetzungen resultierenden Schwierigkeiten klangen im Vortrag im Zusammenhang der von den Pneumatomachen reklamierten Prophetenstelle Amos 4,13 an. Übersetzt man das griechische πνεῦμα mit *ventus,* ist man – dogmatisch gesehen – aus dem Schneider. Übersetzt man – wie Augustinus – weiterhin mit *spiritus,* muß man erklären, warum an dieser Stelle mit *spiritus* nicht der (Heilige) Geist, sondern der Windhauch gemeint ist.

Herr Merkelbach: Ich komme auf Herrn Mettmann zurück. Ich glaube, die Anordnung der Bücher des Alten Testamentes liegt für die Kirchenväter durch die Septuaginta fest, durch die griechische Übersetzung, die ja schon vorchristlich ist, also in Alexandrien etwa um 150. Man muß sich klar machen, daß außer Origenes und Hieronymus wohl kaum noch irgendein anderer von den Kirchenvätern das Hebräische gelesen hat. Hieronymus ist ja als ein Weltwunder angeschaut worden, weil er Hebräisch konnte. Selbst Paulus hat das Alte Testament auf Griechisch in der Septuaginta gelesen.

Herr Dassmann: Origenes hat in der Tat den masoretischen Text aufgeführt, als er sich in der Hexapla um die Wiederherstellung eines zuverlässigen Bibeltextes bemüht. Ebenso wichtig scheint ihm allerdings zu sein, neben die Septuaginta die anderen griechischen Übersetzungen (Aquila, Symmachus und Theodotion) zu stellen.

Herr Kertelge: Die Autoren des Neuen Testamentes richten sich bei der Zitierung alttestamentlicher Texte weitgehend nach der Septuaginta. Dennoch ist damit zu rechnen, daß ein Autor wie Paulus auch den hebräischen Urtext kannte.

Daniel zählt nach der Septuaginta zu den Propheten, und so wird er auch im Neuen Testament gelesen, allerdings mit einem besonderen Interesse für seine apokalyptischen Ankündigungen, besonders die endzeitliche Ankunft des Menschensohnes in 7,13f betreffend. Die Entstehungsgeschichte des Buches Daniel ist recht komplex; einige Teile sind hebräisch abgefaßt, andere aramäisch und schließlich auch noch einige Teile griechisch, offenkundig sekundär ergänzt (3,26–90; Kap. 13 und 14). Für die urchristliche Rezeption ist weitgehend die griechische Fassung des ganzen Danielbuches in der Septuaginta maßgebend gewesen.

Ich wollte aber noch etwas anderes sagen. Es muß auch danach gefragt werden, wie stark das Neue Testament auch schon für die Rezeption des Alten Testamentes über seine Zeit hinaus, also in der Patristik, leitend gewesen ist. Das wurde im Vortrag ja ein gut Stück mit angesprochen. Das Schema „Verheißung – Erfüllung", das von Matthäus her deutlich vorgegeben war, stellte eine grundsätzliche hermeneutische Möglichkeit dar, besonders die alttestamentlichen Propheten „christlich" zu verstehen und für die christliche Verkündigung zu erschließen. Schriftauslegung, die die Väter betrieben haben, diente so auch einem Verständnis der Bibel als der *einen* Heiligen Schrift aus dem Alten und Neuen Testament.

Dies dürfte das entscheidende *theologische* Kriterium für die Auslegung der Schrift gewesen sein: das *eine* Wort Gottes aus dem Alten und dem Neuen

Testament zu hören. Wir sprechen als Christen vom *Alten* Testament. Eine andere Version, die sich neuerdings Gehör zu verschaffen versucht, spricht stattdessen von dem „Ersten Testament". Aber dem theologischen Grundverständnis von dem *einen* Wort Gottes im Alten und im Neuen Testament entspricht es eher, im Lichte des Christusgeschehens im *Neuen* Testament die Verheißungsdimension des *Alten* Testaments hervorzuheben.

Herr Dassmann: Den Ausführungen von Herrn Kertelge möchte ich zwei Fragepunkte entnehmen. Zum ersten ist in der frühesten Zeit häufig nicht zu entscheiden, ob ein christlicher Autor auf einen alttestamentlichen Propheten direkt rekurriert, oder ob er sich auf die Verwendung prophetischer Aussagen im Neuen Testament beruft. Bis weit ins 2. Jahrhundert hinein werden die neutestamentlichen Schriften noch nicht als verbindlich formulierte Heilige Schrift zitiert, sondern frei verwendet. Man führt Jesusworte, umlaufende Spruchweisheiten, Gemeindeüberlieferungen an, verbindet und ergänzt sie, ohne sich dabei an einen authentischen Text gebunden zu fühlen. Erst nachdem die neutestamentlichen Schriften kanonische Heilige Schrift geworden sind, wird ihr Text unveränderbar. Im Ersten Klemensbrief, in den Ignatiusbriefen ist das noch nicht der Fall.

Vorkommnisse, die uns heute als abwegig erscheinen, weil wir von der Unantastbarkeit der Heiligen Schrift ausgehen, lassen sich auf diese Weise erklären. Wenn Markion Mitte des 2. Jahrhunderts ganze Teile aus dem Neuen Testament streicht, wenn Tatian gegen Ende desselben Jahrhunderts aus den vier Evangelien eine Evangelienharmonie macht, dann tun sie im Grunde dasselbe, was Johannes getan hat, als er neben die ihm vorliegenden drei synoptischen Evangelien sein neues, viertes Evangelium stellte. Erst nach Irenäus und mit dem Beginn des 3. Jahrhunderts hört der freie Umgang mit dem Text des Neuen Testamentes auf. Von nun an läßt sich auch feststellen, ob ein kirchlicher Schriftsteller alttestamentliches Gut direkt oder in neutestamentlicher Verwendung anführt.

Die zweite, sehr grundsätzliche Frage lautet: Warum haben sich die frühchristlichen Autoren von Anfang an so sehr um das Alte Testament bemüht, nachdem bereits Paulus die Überwindung der Thora durch Christus verkündet hatte? Welche Bedeutung besaß das Alte Testament noch, nachdem der Anspruch Christi legitimiert und die Heilsvergeblichkeit der Thora erwiesen worden war? Markion hat sich diese Fragen gestellt und in ihrer Konsequenz das Alte Testament als Offenbarungsquelle gestrichen.

Markions Vorgehen muß einen gewaltigen Schock ausgelöst haben, über den sich die kirchlichen Theologen lange nicht beruhigen konnten. Bis weit über hundert Jahre nach Markion gibt es nahezu keinen namhaften christlichen

Schriftsteller, der nicht *contra* oder *adversus Marcionem* geschrieben und sich mit ihm als gefährlichem Häretiker auseinandergesetzt hat. Trotzdem bleibt die Frage: Warum haben sich die frühchristlichen Theologen solche Mühe gegeben, mit einem ganzen Netz von Typologien und Allegorien, mit Hilfe einer Vielzahl von Schriftsinnen, mit Exegesen und Eisegesen das Alte Testament für die christliche Verkündigung zu retten?

Herr Honecker: Ich würde gern eine kleine Bemerkung zum gegenwärtigen Sprachgebrauch machen. Altes Testament – Herr Kertelge, da sind wir uns ja einig – heißt nicht veraltet. So wird es ja oft ausgelegt. Das, was Herr Dassmann sagte, spricht ja eine andere Sprache. Die ursprüngliche Schrift war nur das Alte Testament.

Und gegen die Formulierung Erstes Testament würde ich aus heutiger Sicht doch erhebliche Bedenken geltend machen, weil dahinter oft genug ein Prioritätsanspruch bei denen steht, die diese Vokabel Erstes Testament benutzen, womit von manchen Theologen auch die Priorität des Ersten Testaments gegenüber dem Zweiten Testament betont werden soll. Dahinter stecken große Probleme im Verhältnis christlicher Glaube und Judentum, die man sich wenigstens einmal an der Terminologie verdeutlichen sollte.

Herr Dihle: Ich habe eine Frage und eine Bemerkung. Zunächst die Frage. Sie haben sehr eindrücklich gezeigt, wie die prophetischen Texte des Alten Testaments in der patristischen Periode sehr viel mehr als Prophezeiungen auf Christus hin ausgewertet worden sind, als die übrigen Teile des Alten Testaments, die eben im sogenannten Neuen Testament, vor allem in den Evangelien, durchaus in großem Umfang herangezogen werden, um das Erscheinen und die Tätigkeit Christi als Erfüllung der Aussagen des Alten Testaments erscheinen zu lassen. Man braucht nur an die Passionsgeschichte zu denken.

Meine Frage wäre nun: Gibt es irgendwo – mir ist das nicht bekannt – in den Propheten-Homilien oder Kommentaren den ausdrücklichen Hinweis darauf, daß in der Tat die Propheten die in diesem Sinne geeigneteren Texte sind? Ist das bewußt geworden? Oder hat man sie nur einfach deshalb, weil sie leichter auszuwerten waren, so bevorzugt?

Vielleicht darf ich noch eine Bemerkung anschließen. Sie haben sehr schön gezeigt, wie die Heranziehung immer wieder neuer Propheten-Stellen und ihre sehr verschiedenartige Auslegung im Grunde durch eine wahrscheinlich unabhängige Entwicklung der kirchlichen Lehre gesteuert ist, daß also immer nur im Rahmen einer geltenden kirchlichen Lehre Stellen herangezogen und auf unterschiedliche Weise im Sinne dieser Lehre ausgelegt werden.

Diese Entscheidung ist für die gesamte Antike typisch. Ich kann ein zeitlich ganz weit entfernt liegendes Beispiel nennen. In der epikureischen Philosophie war das Entscheidende die Atomlehre, aus der alle, auch die geistigen Vorgänge erklärt werden mußten. Man konnte aber durchaus, ohne die epikureische Orthodoxie zu verletzen, jeden einzelnen Naturvorgang auf unterschiedliche Weise erklären, wenn sich nur alles im Rahmen einer umfassenden Atomtheorie hielt. Das ist genau dieselbe Erscheinung.

Herr Dassmann: Ob jemals reflex bedacht worden ist, daß die Propheten für die missionarische Verkündigung besser geeignet sind als die Fünf Bücher Mose oder andere alttestamentliche Schriften, vermag ich nicht zu sagen. Möglich wäre es durchaus.

Dagegen ist deutlich zu sehen, daß die Bewertung des mosaischen Gesetzes bei den christlichen Autoren sehr verschieden sein kann. Man vergleiche nur Paulus und Matthäus. Für Paulus ist das Gesetz zwar gut, weil es von Gott stammt, heilsbringend jedoch war es nicht und wurde daher von Christus überholt. Christus ist das *telos* des Gesetzes (Röm 10,4). Ein wenig später, aber doch im selben Kontext setzt sich Matthäus dafür ein, daß kein Buchstabe des Gesetzes vergehen soll, bevor nicht alles geschehen ist (Mt 5,18).

Diese verschiedene Akzentuierung – um nicht zu sagen: dieser Widerspruch – setzt sich noch einige Zeit fort. Es ist schade, daß die dem Judentum und damit dem Gesetz zugeneigte Richtung des Judenchristentums schon bald untergegangen ist und sich in der hellenistischen Mission die paulinische Gesetzesinterpretation ohne weitere Diskussion durchgesetzt hat.

Man spürt bei manchen frühen Vätern – etwa bei Justin – die besorgte Frage: Sind wir, die heidenchristliche Kirche, wirklich das neue, wahre Israel? Mit welchem Recht erheben wir diesen Anspruch, wenn wir die prophetischen Verheißungen samt und sonders auf uns anwenden, im übrigen aber aus dem Alten Testament auswählen, was uns paßt und alles andere – vor allem die Beschneidung und das Zeremonialgesetz – verwerfen?

Es gab verschiedene Möglichkeiten, den im Alten Testament begegnenden Forderungen gerecht zu werden. Die krasseste Lösung bietet der Barnabasbrief, wenn er behauptet, die Juden hätten das Alte Testament mißverstanden, weil sie die Vorschriften des Gesetzes, Opfer und Beschneidung dem Buchstaben nach beobachtet hätten. Darum gehöre das Alte Testament in Wirklichkeit den Christen, die an seinem geistlichen Sinn festhielten. Mit dieser radikalen Lösung ist der Barnabasbrief allein geblieben. Andere wählten pragmatisch aus, was für die Missionspredigt und die innerkirchliche Verkündigung brauchbar war: die Psalmen, die prophetischen Weisungen, die Weisheitsbücher, alles Schriften voll tiefer Gedanken. Das Gesetz und die historischen Partien der biblischen Bücher wurden als überholt oder unverständlich nicht abgelehnt, aber ausgelassen.

Bedeutende Theologen unter den frühen kirchlichen Schriftstellern wie Origenes oder Tertullian haben das Ungenügende dieser selektiven Methode gespürt. Wenn man davon ausgeht, daß das ganze Alte Testament inspiriertes Wort Gottes ist, müssen alle seine Aussagen ernst genommen werden. Die Lösung des Problems, wie das Alte Testament für die Kirche Geltung behalten kann, liegt für sie nicht in der Auswahl, sondern in der Auslegung der Texte – entsprechend dem Wort des Paulus vom Buchstaben, der tötet, und vom Geist, der lebendig macht (2 Kor 3,6). Darum beginnen die Väter mit unendlicher Mühe und unerschöpflicher Geduld mit der allegorischen, anagogischen, tropologischen, moralischen, existentiellen, geistlichen Auslegung des Alten Testamentes. Es ist keine Auslegung im heutigen Sinn historisch-kritischer Exegese, sondern mehr ein Neuverstehen, man könnte sogar sagen, eine Neuinszenierung des Alten Testamentes auf der Bühne, auf der die Ausleger sich bewegen. Jedenfalls war Auslegung das Gebot der Stunde, wollte man das gesamte Alte Testament als verbindliche Heilige Schrift retten.

Herr Wallmann: Herr Dassmann, meine Frage bezieht sich auf die heilsgeschichtlich-messianische Verwendbarkeit der Propheten. Die Vorliebe für die Propheten teilen die alten Väter ja mit denjenigen Theologen und Bewegungen, die wir seit Joachim von Fiore im Mittelalter und in der Neuzeit kennen, wo man die Propheten nicht nach dem Schema „Verheißung und Erfüllung" liest, sondern noch etwas nicht Erfülltes bei ihnen findet, die Hoffnung auf ein kommendes tausendjähriges Reich: die Taboriten, Thomas Müntzer, später in England die Quintomonarchisten in der englischen Revolution, die die fünfte Monarchie nach dem Buch Daniel erwarten. Da spielen ja überall die Propheten eine ganz starke Rolle.

Nun haben sich neuzeitliche Theoretiker des Chiliasmus, wie zum Beispiel Johann Wilhelm Petersen, der von Lessing so geschätzte Chiliast, immer auf die alten Väter vor Augustin berufen. Augustin sei es gewesen, der, in seiner Frühzeit selbst noch chiliastisch lehrend, durch die Identifizierung der tausend Jahre von Johannes Offenbarung Kap. 20 mit der Zeit der Kirche den Chiliasmus in der Kirche unterdrückt habe.

Wenn das richtig ist – Papias ist ja nicht der einzige, auch Tertullian und Cyprian haben ja wohl chiliastisch gelehrt –, worauf haben die alten Kirchenväter vor Augustin sich berufen? Haben sie neben dem Schlüssel „Verheißung und Erfüllung" auch noch Stellen in den messianischen Weissagen des Alten Testaments gefunden, die noch nicht erfüllt sind, wie das später die Chiliasten getan haben?

Joel 3,1 wird in der Kirche auf Pfingsten gedeutet, aber in diesem chiliastischen Sinne ja immer auf die apokalyptische Endzeit, die jetzt anbrechen soll. Worauf gründet sich der Chiliasmus der Kirchenväter vor Augustin, wenn nicht auf die Propheten?

Herr Dassmann: Selbstverständlich haben die Väter gesehen, daß auch nach der Erfüllung durch Christus in den prophetischen Verheißungen ein nicht eingelöster Rest blieb, wie umgekehrt ein gläubiger Jude, der noch auf die messianische Erfüllung wartet, in ihnen Aussagen erkennt, die zum Teil bereits eingetroffen sind. Für Christen und Juden enthielten die Prophetenworte Voraussagen, welche die einen auf Christus, die anderen auf eine noch ausstehende messianische Heilszeit bezogen. Meist ließ sich die Erfüllung von Unheilsworten – z. B. die Zerstörung des Jerusalemer Tempels – deutlicher angeben als die Erfüllung von Heilsworten.

Vor allem die Juden können – bis auf den heutigen Tag – die Christen fragen: Hat denn Jesus erfüllt, was sich in der messianischen Zeit aufgrund der prophetischen Verheißungen ereignen soll? Hat Christus das Reich Gottes gebracht als ein Reich der Gerechtigkeit und des Friedens und einer versöhnten Schöpfung? Wie kann der Messias gekommen sein, wenn nach seiner Ankunft Millionen von uns umgebracht worden sind?

Die Väter haben schon früh als Antwort auf solche und ähnliche Fragen von der zweifachen Ankunft Christi gesprochen. Die erste Ankunft in Niedrigkeit und menschlicher Armut hat zwar schon einen Erfüllungsschub gebracht, aber erst der *secundus adventus* Christi in Herrlichkeit bringt die Erfüllung vollendet und sichtbar. Ohne die Erwartung der Wiederkunft Christi wäre die Behauptung der mit Jesus begonnenen Heilszeit nicht durchzuhalten gewesen.

Was nun den Chiliasmus betrifft, so hängt er nicht allein von prophetischen Verheißungen ab. Chiliasmus meint eine Zwischenzeit von tausend Jahren, die sich zwischen das Ende der Weltgeschichte und die endgültige Wiederkunft Christi zum Endgericht schiebt. Die Väter, die diesen Chiliasmus lehren, gehen alle auf Apokalypse 20 zurück. Der Chiliasmus ist keine Irrlehre; man kann ihn noch heute mit Fug und Recht behaupten. Aber die Erwartung eines tausendjährigen Zwischenreiches scheint irgendwann uninteressant geworden zu sein, denn mit dem Chiliasmus war die stärker interessierende Frage, wann das Ende der Welt eintreten würde, nicht beantwortet.

Warum für kurze Zeit chiliastische Vorstellungen weit verbreitet waren, läßt sich kaum beantworten. Vielleicht hat man anfangs die Ereignisse, die mit dem Ende der Welt verbunden sein würden, realistischer verstanden als nach der Spiritualisierung dieser Vorstellungen durch Origenes. Man kann sich insgesamt fragen, warum das Christentum, das sich viele Heilserwartungen sehr konkret vorstellt, das auf der Auferstehung des Fleisches beharrt und in bezug auf die Eucharistie vom *corpus verum* spricht, in der Eschatologie bei der Verheißung des Landes der Väter, das restituiert werden und blühen soll, diesen Realismus so schnell aufgegeben hat. Die Endvollendung besteht bald nur noch in der Gemeinschaft mit Gott; die Wiederkunft Christi wird zu einem spirituellen Ereignis.

In dem Augenblick, in dem sich dieses geistige Verständnis durchgesetzt hat – und das ist seit Origenes mehr oder weniger der Fall –, wird auch die Frage nach einem wirklichen chiliastischen Zwischenreich uninteressant und verdämmert. Erst um die Jahrtausendwende haben sich einige Leute wieder an den Chiliasmus erinnert und die Erwartung eines tausenjährigen Reiches neu aufleben lassen. Eigentlich ist es verwunderlich, daß im Moment chiliastische Gedanken nicht virulenter sind, denn wir nähern uns ja wieder dem kritischen Zeitpunkt einer Jahrtausendwende. Im Volksglauben sind chiliastische Erwartungen wohl immer lebendig gewesen. Ich erinnere mich aus meiner Kinderzeit an die „Weissagung" der seligen Katharina Emmerich: „Du schreibst das Jahr tausend, aber nicht abermals tausend!" Als Junge habe ich mich nicht wenig gefürchtet, das Weltende mit seinen furchtbaren Begleiterscheinungen, den vom Himmel fallenden Sternen und den anderen im Evangelium geschilderten Katastrophen, noch zu erleben.

Herr Dihle: Mir fällt eine Origenes-Stelle ein, die diese Frage der Erfüllung bzw. Nichterfüllung anhand eines Prophetenwortes zu lösen versucht. Das Origenes-Fragment legt einen Maleachi-Spruch aus: Euch aber wird aufgehen die Sonne der Gerechtigkeit.

Da sagt Origenes folgendes: Die Sonne der Gerechtigkeit – Christus – ist aufgegangen durch das Erdenleben Jesu, aber vorerst bescheint diese Sonne nur den Mond, und der Mond ist die Kirche, und die Kirche gibt das Licht der Sonne auf die Erde weiter. Wenn der Herr zum zweitenmal kommen wird, wird der Mond untergehen, die Kirche verschwinden und der endgültige Sonnenaufgang stattfinden.

Es ist also ein zweimaliges Erscheinen der Sonne. So konnte man einen Propheten auslegen, indem man gleichsam eine zweifache Erfüllung aus dem Text herauslas.

Herr Isensee: Chiliasmus kann widersprüchliche Wirkungen zeitigen. Zwei Arten sollten unterschieden werden: die eine, die sich im Kontext des Neuen Testamentes hält, die andere, die eine neue Epoche jenseits des Neuen Testamentes heraufführt. Chiliasmus des ersten Typus ist das Tausendjährige Reich als Endphase des neutestamentarischen Äons in der Prophetie der Apokalypse.

Im Chiliasmus des anderen Typus bildet das Neue Testament nur die Übergangsepoche zu einem Neuen Evangelium, dem Dritten Reich in der Vision Joachim von Fiores, der die Geschichte trinitarisch deutet: in der Abfolge des alttestamentarischen Reiches des Vaters, des neutestamentarischen des Sohnes und des Dritten Reiches des Heiligen Geistes: des höheren, spirituellen, letzten Zeitalters. Lessing entwirft eine Drei-Reiche-Lehre als ethischen Fortschritt vom Alten Testament über das Neue zum Zeitalter der reinen Humanität, in dem dieser *progressus* Ende und Erfüllung findet. Lessing steht für die Säkularisierung des Chiliasmus, die je auf ihre Weise Fichte und Marx fortsetzen.

Der Evolutionsgedanke ist in der Theologie ambivalent. Er kann Christus als Erfüllung der Geschichte ausweisen oder als eine Zwischenstufe, die ihrerseits durch eine höhere Entwicklungsform überholt und abgelöst wird. Die heilsgeschichtliche Bedeutung Christi kann also durch den Fortschrittsgedanken verabsolutiert, aber auch relativiert werden.

Das frühe Christentum beruft sich auf die Prophetenbücher, um sich als die Erfüllung der alten Verheißungen auszuweisen und sich so zu legitimieren. Es macht sich die Prophetie dienstbar, um sie zur Ruhe zu bringen und die neue Ordnung als die endgültige, das Ziel der Geschichte, zu verfestigen. Die Kirche „vereinnahmt" die Propheten und verhindert, daß innerkirchliche oder außerkirchliche Kräfte sie für sich in Anspruch nehmen und gegen die Kirche wenden können. Das gefährliche Zukunftspotential wird so verbraucht, der Sprengstoff, der in den Prophetenbüchern steckt, entschärft. Die alten Propheten haben ihr Werk getan. Für neue Propheten ist kein Platz mehr.

Die Staatstheorie findet hier einen vertrauten Vorgang. Staaten und Verfassungen legitimieren sich aus Ursprungsgeschichten, Gründungslegenden, Revolutionsheldensagen, dem Mythos der verfassungsgebenden Gewalt des Volkes. Ein politisches System, das aus einer Revolution hervorgegangen ist, wie der Staat Lenins, verklärt die Revolution, aber deklariert sie auch als letzte und endgültige Revolution, damit es nicht seinerseits durch künftige Revolution in Frage gestellt werden kann. Seine Feinde werden von vornherein abgestempelt zu Konterrevolutionären, abgedrängt ins Lager der Reaktion.

Der Umgang der Kirchenväter mit den Prophetentexten läßt eine zeitlose Figur der Methodologie erkennen: den hermeneutischen Zirkel. Er zeigt sich in der Auswahl der („passenden") Stellen, in deren Auslegung und in der Anpassung an neue Bedürfnisse. Das geht nicht ab ohne exegetische Mühen und Kraftakte. Ich finde das Eingeständnis schön, daß dabei viele Lampen Öl verbraucht werden. Dieser Verbrauch ergibt eine sehr gute Maßeinheit für interpretatorische Anstrengung. Die Jurisprudenz sollte sie übernehmen und bei verfassungskonformen wie sonstigen Auslegungen die jeweilige Zahl der verbrauchten Öllampen oder ihrer modernen Surrogate anzeigen.

Wesentlich ist bei allen Beispielen aus der Lehre der Kirchenväter, daß diese erst gar nicht versuchen, die Prophetentexte aus sich heraus zu verstehen, sondern daß sie aus ihrer eigenen, christlichen Position – ihrem „Vorverständnis" – die alten Texte auswählen, auslegen und anwenden. Sie deuten *ex post* im Lichte des christlichen Glaubens, in der Gewißheit, daß die Erfüllung gekommen ist. Es wäre freilich auch ein schwierig Ding gewesen, *ex ante* vorzugehen und aus den Texten Jesajas, Jeremias, Michas die Geschichte Jesu und seine Lehren zu deduzieren.

Ein paar Fragen:

– Gibt es bei den Kirchenvätern Ansätze, hinter den einzelnen Büchern des Alten und des Neuen Testamentes ein inneres System zu erkennen? Kennen sie bereits die Idee von der Einheit der Schrift? Wenn ja, erfaßt die Einheit nur die Bücher des Neuen oder auch die des Alten Testamentes? Wenn nein, werden die einzelnen Stellen jeweils für sich verstanden? Spätere Exegese setzt diese Einheit voraus. Freilich kann sie sich schon auf einen festen Kanon berufen. Die Jurisprudenz hat übrigens die Interpretationsidee der Einheit übernommen und adaptiert als Einheit der Verfassung und als Einheit der Rechtsordnung.

– Verstehen sich die Kirchenväter gegenüber den Prophetenbüchern als Aufklärer, die dunkle Texte in das Licht der Wahrheit heben und Unsinniges mit Hilfe der Vernunft korrigieren? In den Evangelien waltet so etwas wie christliche Aufklärung, wenn Christus das Gesetzesdenken der Pharisäer kritisiert und gegen den Buchstabenglauben Geist und Wahrheit anführt. Aufklärung ist ja nicht etwa eine exklusive Leistung des 18. Jahrhunderts.

– Haben lateinische Kirchenväter, die überhaupt nicht oder nur unzulänglich Griechisch und Hebräisch verstanden, angesichts der Schwierigkeit konkurrierender lateinischer Versionen – hier „Geist" als *spiritus*, dort „*ventus*" – versucht, jüdische Gelehrte zu konsultieren? Mir scheint, daß es für den christlichen Gelehrten hätte naheliegen können, den jüdischen um Rat zu fragen, wenn schon nicht in unmittelbar theologischen, so doch in Fragen der Philologie und der biblischen Realien.

Herr Dassmann: Um mit der letzten Frage zu beginnen: Die Kirchenväter hätten gewiß keine prinzipiellen Bedenken gehabt, sich von jüdischen Kennern des Hebräischen über exegetische Details informieren zu lassen. In der Praxis ist es nur selten geschehen. Genaueres wissen wir nur von Hieronymus, der aber schon darüber klagt, daß es schwer fällt, ältere Juden zu treffen, die nützliche Auskünfte über Detailfragen, z. B. Namensetymologien, geben können.

Augustinus wünscht sich in seiner Schrift *De doctrina christiana* so etwas wie ein Realienbuch zur Bibel, in dem alles Wissenswerte über Steine, Pflanzen und Tiere des Heiligen Landes, die Wortbedeutung der Zahlen und anderes mehr mitgeteilt wird, damit ein Exeget über die Tatsachen Bescheid weiß, ehe er mit ihrer Auslegung beginnt. Leider ist es zu einem solchen Realienbuch nicht gekommen. Was andere Väter über die jüdische Umwelt der Heiligen Schrift wissen, macht vielfach einen wenig zuverlässigen, legendären Eindruck. Selbst Origenes, der viele Jahre in *Caesarea Maritima*, der Provinzhauptstadt Palästinas, gelebt hat, besaß wenig jüdische Kontakte und Kenntnisse der judenchristlichen Theologie.

Was die Frage nach den Prinzipien der Auslegung angeht, so sind sich alle Väter darin einig, daß jedes Wort der Heiligen Schrift einen Leib und eine Seele hat. Wie der Mensch aus Leib und Seele besteht, so enthält auch die Bibel in ihrem Buchstabenleib einen geistigen Sinn, den die Auslegung aus seiner körperlichen Bindung lösen muß. Verfeinert man das dichotomische anthropologische Schema von Leib und Seele trichotomisch zu der Unterscheidung von Leib, Seele und Geist, tritt neben den Wortleib der Heiligen Schrift ihre moralische Anwendung (Seele) und allegorische Auslegung (Geist). Dabei sind die moralische und allegorische Interpretation des biblischen Textes wichtiger als seine historische Wortbedeutung. Origenes z. B. geht davon aus, daß manche Abschnitte aus dem Alten Testament aus christlicher Sicht überhaupt keinen vernünftigen literarischen Sinn ergeben. Er verweist in diesem Zusammenhang auf die sechs steinernen Wasserkrüge bei der Hochzeit zu Kana (Jo 2,6). Jeder faßte zwei bis drei Metreten. Es gibt also Bibelstellen, die zwei Sinne enthalten, den moralischen und den allegorischen Sinn. Hin und wieder gibt es andere, die daneben noch einen vernünftigen Wortsinn enthalten; sie entsprechen den Krügen mit der Fassungskraft von drei Metreten.

Verbindliche Regeln für eine geistige Schriftauslegung aufzustellen, die sich aus der Wechselwirkung zwischen rezipiertem Text und eigenem Glaubensverständnis ergeben, gleicht der Quadratur des Kreises. Trotzdem haben die Väter es immer wieder versucht. Augustinus beginnt mit dem nüchternen Rat, beim Bemühen um ein zutreffendes Verständnis der Bibel bei den klaren und eindeutigen Stellen anzufangen; von ihnen fällt dann ein Licht auf die dunklen und schwierigen. Alle Bücher des Alten und Neuen Testamentes bilden eine Einheit und erklären sich gegenseitig.

Im übrigen errichtet Augustinus so etwas wie ein Koordinatensystem, in dessen Rahmen sich die Auslegung einer Schriftstelle bewegen muß. Eine der beiden Koordinaten bildet die *regula fidei* der Glaubensgemeinschaft, die den heiligen Text tradiert hat. Die zweite Koordinate wird respektiert, wenn das Verständnis einer Schriftstelle den Leser oder Hörer zu einer größeren Gottes-

und Nächstenliebe motiviert. Werden die *regula fidei* als intellektuelles und die Stärkung der Gottes- und Nächstenliebe als voluntatives Moment gewahrt, wird die Heilige Schrift nach Augustinus auch dann richtig verstanden, wenn einer einzelnen Stelle etwas anderes entnommen wird, als der biblische Autor mit ihr sagen wollte. Werden die beiden Momente mißachtet, kann es dazu kommen, daß einer von einer Schriftstelle alles weiß, aber nichts versteht.

Überraschenderweise gibt es moderne Hermeneutiker (E. Fuchs z. B.), die ähnlich argumentieren. Will ich einen geoffenbarten Text verstehen, muß ich erfassen und akzeptieren, was er erreichen will. Für ein solches Verständnis bemüht Augustinus – so sehr er auch um die Erklärung des Textsinns bemüht ist – nicht nur die Philologie, sondern erkenntnistheoretische Prinzipien, die der neuplatonischen Aufstiegslehre entnommen sind.

Als erstes ist für richtiges Schriftverständnis die *purgatio cordis* notwendig. Der Geist des Menschen muß sich reinigen und abwenden von all den Zerstreuungen, Bildern und Phantasmen, die ein konzentriertes Eingehen auf den Text unmöglich machen.

Der nächste Schritt ist die *humilitas fidei,* die es wagt, den Text sagen zu lassen, was er sagen will. Augustinus meint, daß viele Stellen der Heiligen Schrift unwirksam bleiben, nicht weil sie unverständlich, sondern weil sie zu deutlich sind und eine Antwort verlangen, die der Leser oder Hörer nicht geben will. Nur im Glaubensgehorsam gelingt es dem Menschen, sich vorbehaltlos auf Gottes Wort einzulassen.

Und drittens gehört zum Schriftverständnis die *caritas*. Als Augustinus in die tägliche Arbeit seines Bischofsamtes eingebunden war und ihm wenig Zeit zu philosophischer Muße blieb, kam sein Gottsuchen im Bemühen um die Heilige Schrift deswegen nicht zum Erliegen. Er begriff, Gott nähert man sich nicht nur in kontemplativer Versenkung, sondern ebenso durch liebende Hinwendung zum Nächsten. Eines seiner Lieblingsworte ist: *Ama, ut videas!* Liebe, unsentimental und konkret verstanden als tätige Nächstenliebe, ist nicht nur Ergebnis, sondern auch Voraussetzung für das Verstehen der Heiligen Schrift.

Solche Überlegungen entfernen sich weit von den philologischen und historischen Voraussetzungen, die normalerweise für die Interpretation eines Textes gefordert werden. Sie weisen auf neue Methoden der Schriftauslegung hin, die heute – z. T. aus Enttäuschung über die historisch-kritische Methode der modernen Exegese – versucht werden. Man verlangt eine tiefenpsychologische, befreiungstheologische oder feministische Erklärung der Bibel, um zu einem existentiellen Schriftverständnis zu gelangen.

Herr Scholz: Herr Dassmann, Sie haben gezeigt, daß die frühen Kirchenväter eine ganze Reihe von Stellen in den Propheten gefunden haben, von denen Sie meinten, sie weisen auf Christus oder auf eine heilsgeschichtliche Tatsache, eine ganze Reihe von Stellen, die im Evangelium und in der frühchristlichen Welt noch nicht so gedeutet worden sind. Mich würde interessieren: Was für ein Schicksal haben diese neuen Interpretationen der frühen Kirchenväter in der Geschichte der Exegese gehabt? Welchen Stellenwert haben sie im heutigen Kanon der Exegese, wenn es so etwas gibt?

Herr Dassmann: Zur Zeit besitzt die patristische Exegese keinen oder höchstens einen geringen Stellenwert. Nachdem die historisch-kritische Methode der Betrachtung und Exegese von antiken Texten auf die Heilige Schrift angewandt worden ist, konnte der Literalsinn der biblischen Schriften in ganz neuer und bisher so nicht erreichter Weise erschlossen werden. Die moderne Exegese hat einen Schatz von Erkenntnissen und Einsichten geschenkt, der nie mehr aufgegeben werden darf. Aber nachdem jetzt die Textgrundlage und das literarische Verständnis gesichert sind, könnte heute die Rezeptionsweise der Kirchenväter, die Schriftworte zum Leuchten bringt und immer neue Facetten des Verständnisses aufdeckt, neue Beachtung erlangen. Die heutige Bibelexegese sollte keinem Entweder-Oder folgen, entweder Bultmann oder Drewermann, oder wie immer man die Alternativen festlegen will. Was die moderne Exegese geleistet hat, besitzt bleibenden Wert und macht uns zugleich frei für einen unbefangenen persönlichen Umgang mit der Heiligen Schrift.

Herr Lebek: Die Frage, die ich an Sie stellen will, Herr Dassmann, ist eigentlich nur eine Frage der persönlichen Vergewisserung. Habe ich es in der gesamten Intention richtig verstanden, daß die Propheten eigentlich deshalb sehr stark im Mittelpunkt der exegetischen Bemühungen stehen, weil sie eben Propheten sind, das heißt nicht auf die Gegenwart beschränkt sind, sondern ihrer ganzen Art nach über die Gegenwart hinausweisen, das heißt in die Zukunft, in die potentielle Gegenwart der Interpreten?

Würde ich es richtig sehen, wenn ich meine, daß sich daraus mit einer gewissen inneren Notwendigkeit ergibt, daß die Propheten in den Vordergrund rücken, stärker jedenfalls als andere Schriftteile, die ihrer Art nach nicht diesen zukunftsweisenden Charakter haben?

Herr Dassmann: Wenn die Väter von Christus sprechen, benutzen sie neben den Evangelien die Propheten, weil dadurch ihre Textgrundlage breiter wird; die Bilder werden zahlreicher, die Vergleiche häufen sich. Obwohl natürlich zwischen Evangelien und Propheten ein Unterschied bleibt. Ich erwähnte bereits im Vortrag das Wort Gregors des Großen: „Wenn das Evangelium spricht, muß der Prophet verstummen". Das Evangelium macht ihn verzichtbar. Gern benutzen die Väter die Propheten, wenn sie ethische Verhaltensweisen und christliche Lebensregeln verdeutlichen wollen. Wenn sie beten, beten sie lieber mit den Psalmen.

Herr Lebek: Vielleicht habe ich nicht ganz klar ausgedrückt, was ich meinte. Die schlichte Tatsache, daß die Propheten eben Propheten sind, das heißt in die Zukunft hinausweisen, also von der Sichtweise der Kirche möglicherweise in die Gegenwart der Kirche hinein, bringt die nicht – so habe ich Ihre Darlegungen aufgefaßt – eine notwendige Interpretationsrichtung dergestalt, daß die Propheten in den Vordergrund rücken müssen; denn das ist eben das, was sich aus dem Text heraus als Gegenwartsbezug ergibt.

Herr Dassmann: Selbstverständlich. Augustinus z. B. betont die Bedeutung der Weissagungen für die Begründung des Glaubens, vor allem wenn sie eingetroffen sind. Und das nehmen die Väter natürlich an. Die Propheten haben in die Zukunft gesprochen, und die Väter stellen erfreut fest, daß sie die Erfüllung vieler Voraussagen bestätigen können.

Herr Kassel: Ich möchte noch einmal kurz auf die Auslegungsart zurückkommen. Es ist mir klar, und Herr Dassmann hat es vorhin noch einmal sehr lichtvoll ausgeführt, wie die theologische Exegese über die philologisch-historische hinauszugehen bemüht ist und wohl bemüht sein muß.
Aber ist es nicht doch so, daß mindestens Origenes und Hieronymus einen hohen Begriff davon hatten, wie wichtig und wie schwierig es ist, erst einmal zu elementarem Textverständnis zu kommen? Ich denke, diesen Begriff haben sie einfach von der profanen Philologie des Altertums. Beide haben beim Grammatiker und beim Rhetor auf der Schule schon als Schulkinder gelernt, wie man mit einem Text umgeht, wie man *res et verba* erläutert und verständlich macht, und später haben sie auch die ganze Art der Arbeit der alten alexandrinischen Philologie kennengelernt. Auch Origenes war trotz seiner Lust an der Allegorese ein ausgezeichneter Philologe und wußte ganz genau, wie man, bei der Textkritik beginnend, sich eines auszulegenden Textes vergewissert.
Vor einigen Jahren hat in Bern ein Philologe eine Dissertation über Origenes als Philologen geschrieben, ein stattliches Werk in zwei Bänden. Da hat er gezeigt, wie erstaunlich weit die Anlehnung an die antike Homer-Philologie geht, wie Origenes und Hieronymus natürlich auch genau die Unterschiede zum Beispiel zwischen einer Athetese, die nur darin besteht, daß der Vers im Text bleibt, aber ein kritisches Zeichen bekommt, oder einer Texttilgung kennen, wie sie dann wissen, wie es weitergeht zur Auslegung des Sprachlichen,

des Metrischen, des Stilistischen, des Sachlichen, der Realia und wie am Schluß auch eine ästhetische oder moralische Wertung der Texte, die man auslegt, versucht wird. Zu alledem finden sich selbst in der fragmentarischen Überlieferung, mit der wir ja bei Origenes zufrieden sein müssen, und dann viel stärker bei Hieronymus erstaunlich weitgehende Parallelen. Ist es nicht doch so, daß dieser philologische Anteil in der Beschäftigung mit den Texten und der darin spürbare Einfluß der antiken Homer-Philologie, überhaupt der antiken Philologie doch sehr viel stärker ist, als wir bisher in der Diskussion angenommen und vorausgesetzt haben?

Sie erwähnten zum Beispiel das Realienbuch, an das Augustinus gedacht hat. Die Realien gehörten bei den Auslegern Homers und der profanen Dichter und Autoren zum *historikon meros,* genauso wie man in der Grammatik im *technikon meros* alles genau wissen mußte, was zu den sprachlichen Erscheinungen gehört.

Ich denke, da ist auch etwas von dem zu finden, wonach Herr Isensee fragte, nämlich ein gewisses Regelwerk, eine gewisse Systematik der Auslegung, und die ist ganz einfach orientiert an der profanen antiken Philologie, die einen außerordentlich hohen Grad der Ausbildung erreicht hat und in der Neuzeit bis zum Ende des 18. Jahrhunderts prinzipiell nicht überboten worden ist. Erst dann mit dem Einsetzen der historischen Bewegung ist sie in manchem überwunden.

Herr Dassmann: Daß den Vätern, entsprechend ihrem Bildungsstand, an einer philologisch exakten Erfassung des Bibeltextes und einer an den Regeln antiker Interpretation geschulten Schriftauslegung gelegen war, trifft voll und ganz zu. Es gibt philologische Bemühungen in patristischer Zeit, die bis heute nicht überboten worden sind. Ein Werk wie die Hexapla des Origenes ist meines Wissens nie wieder versucht worden. Es muß unmenschliche Anstrengungen gekostet haben, mit den damaligen schreibtechnischen Mitteln das ganze Alte Testament in sechs verschiedenen Versionen niederzuschreiben, um mit philologischen Mitteln den ursprünglichen Text möglichst zuverlässig wiederherzustellen.

Aber erst nach dieser Riesenarbeit stellt sich für Origenes das eigentliche Problem; denn der von Verderbnissen gereinigte Text, der von den Vielehen der Patriarchen, den Sünden israelischer Könige oder vom wolkenreitenden Jahwe spricht, soll doch inspiriertes Wort Gottes sein. Die allegorische Deutung solcher Stellen war unumgänglich, wollte man sie gebildeten Hörern vermitteln und Ärgernis vermeiden.

Herr Kertelge: Ich begrüße es, daß im letzten Teil der Diskussion doch auch noch das Verhältnis der Väter-Exegese zu unseren heutigen exegetischen Methoden angesprochen worden ist. Dem Exegeten wird heute bei dem Einsatz des modernen Methodenrepertoires und bei seinem, wie es scheint, vorwiegend historisch-archäologischen Interesse leicht vorgeworfen, er komme trotz seines Aufwandes nicht zur eigentlichen „Sache", um die es etwa den Vätern, aber auch den mehr theologisch fragenden Auslegern des Mittelalters und der beginnenden Neuzeit gegangen sei. Die Frage nach der eigentlichen theologischen Sache ist dem Exegeten in der Tat aufgegeben. Aber dem widerspricht nicht das Beharren auf den philologischen, sprachwissenschaftlichen und historisch-kritischen Zugängen. Gewiß, wir sind leicht versucht, unseren jeweils erreichten Methodenstand einseitig ins Spiel zu bringen oder absolut zu setzen. Aber das moderne Methodenbewußtsein hat doch eine kritische Funktion gegenüber den mehr „zufälligen" Annäherungen an den Schriftsinn. Auch in der Kirchenväterexegese gab es die Aufgabe, den Literalsinn des biblischen Textes zu beachten und die allegorische und die typologische Schriftauslegung nicht nach Belieben zu betreiben.

Herr Dassmann: Der Gebrauch von Typologie und Allegorese war bei den einzelnen Vätern unterschiedlich groß. Die Exegeten der Antiochenischen Schule legen vor allem auf die Erklärung des Literalsinnes großen Wert. Bei Gregor dem Großen dagegen überwiegt wildwuchernde Allegorie. Aber bei ihm macht sich der Zerfall der antiken Bildung bereits stark bemerkbar; Gregor fehlen weithin die Voraussetzungen für eine angemessene Textauslegung. Wenn irgend möglich, sollten literarische und geistliche Schriftauslegung einander ergänzen. Wenn ich in den Hörsaal gehe, nehme ich einen exegetischen Kommentar mit und sage: „Meine Damen und Herren, ich unterbreite Ihnen ein schwieriges Problem". Sonntags auf der Kanzel nehme ich die Bibel und sage: „Brüder und Schwestern, ich verkünde euch eine große Freude". Es gibt verschiedene Ebenen der Auslegung, die beide ihr Recht haben.

Herr Honecker: Ich möchte fast sagen: ein schwieriges Problem als große Freude. Aber das würde eine neue Diskussion eröffnen.

*Veröffentlichungen
der Nordrhein-Westfälischen Akademie der Wissenschaften*

Neuerscheinungen 1983 bis 1996

Vorträge G
Heft Nr.

GEISTESWISSENSCHAFTEN

266	Gerhard Kegel, Köln	Haftung für Zufügung seelischer Schmerzen Jahresfeier am 11. Mai 1983
267	Hans Rothe, Bonn	Religion und Kultur in den Regionen des russischen Reiches im 18. Jahrhundert
268	Paul Mikat, Düsseldorf	Doppelbesetzung oder Ehrentitulatur – Zur Stellung des westgotisch-arianischen Episkopates nach der Konversion von 587/89
269	Andreas Kraus, München	Die Acta Pacis Westphalicae
270	Gerhard Ebeling, Zürich	Lehre und Leben in Luthers Theologie
271	Theodor Schieder, Köln	Über den Beinamen „der Große" – Reflexionen über historische Größe
272	J. Nicolas Coldstream, London	The Formation of the Greek Polis: Aristotle and Archaeology
273	Walter Hinck, Köln	Das Gedicht als Spiegel der Dichter. Zur Geschichte des deutschen poetologischen Gedichts
274	Erich Meuthen, Köln	Das Basler Konzil als Forschungsproblem der europäischen Geschichte
275	Hansjakob Seiler, Köln	Sprache und Gegenstand
276	Gustav Adolf Lehmann, Köln	Die mykenisch-frühgriechische Welt und der östliche Mittelmeerraum in der Zeit der „Seevölker"-Invasionen um 1200 v. Chr.
277	Andreas Hillgruber, Köln	Der Zusammenbruch im Osten 1944/45 als Problem der deutschen Nationalgeschichte und der europäischen Geschichte
278	Niklas Luhmann, Bielefeld	Kann die moderne Gesellschaft sich auf ökologische Gefährdungen einstellen? Jahresfeier am 15. Mai 1985
279	Joseph Ratzinger, Rom	Politik und Erlösung. Zum Verhältnis von Glaube, Rationalität und Irrationalem in der sogenannten Theologie der Befreiung
280	Hermann Hambloch, Münster	Der Mensch als Störfaktor im Geosystem
281	Reinhold Merkelbach, Köln	Mani und sein Religionssystem
282	Walter Mettmann, Münster	Die volkssprachliche apologetische Literatur auf der Iberischen Halbinsel im Mittelalter
283	Hans-Joachim Klimkeit, Bonn	Die Begegnung von Christentum, Gnosis und Buddhismus an der Seidenstraße
284	2. Akademie-Forum	Technik und Ethik
	Wolfgang Kluxen, Bonn	Ethik für die technische Welt: Probleme und Perspektiven
	Rudolf Schulten, Aachen/Jülich	Maßstäbe aus der Natur für technisches Handeln
285	Hermann Lübbe, Zürich	Die Wissenschaften und ihre kulturellen Folgen. Über die Zukunft des *common sense*
286	Andreas Hillgruber, Köln	Alliierte Pläne für eine „Neutralisierung" Deutschlands 1945–1955
287	Otto Pöggeler, Bochum	Preußische Kulturpolitik im Spiegel von Hegels Ästhetik
288	Bernhard Großfeld, Münster	Einige Grundfragen des Internationalen Unternehmensrechts
289	Reinhold Merkelbach, Köln	Nikaia in der römischen Kaiserzeit
290	Werner Besch, Bonn	Die Entstehung der deutschen Schriftsprache
291	Heinz Gollwitzer, Münster	Internationale des Schwertes. Transnationale Beziehungen im Zeitalter der „vaterländischen" Streitkräfte
292	Bernhard Kötting, Münster	Die Bewertung der Wiederverheiratung (der zweiten Ehe) in der Antike und in der Frühen Kirche
293	5. Akademie-Forum	Technik und Industrie in Kunst und Literatur
	Volker Neuhaus, Köln	Vorwurf Industrie
	Klaus Wolfgang Niemöller, Köln	Industrie, Technik und Elektronik in ihrer Bedeutung für die Musik des 20. Jahrhunderts
	Hans Schadewaldt, Düsseldorf	Technik und Heilkunst
294	Paul Mikat, Düsseldorf	Die Polygamiefrage in der frühen Neuzeit
295	Georg Kauffmann, Münster	Die Macht des Bildes – Über die Ursachen der Bilderflut in der modernen Welt Jahresfeier am 27. Mai 1987

296	Herbert Wiedemann, Köln	Organverantwortung und Gesellschafterklagen in der Aktiengesellschaft
297	Rainer Lengeler, Bonn	Shakespeares Sonette in deutscher Übersetzung: Stefan George und Paul Celan
298	Heinz Hürten, Eichstätt	Der Kapp-Putsch als Wende. Über Rahmenbedingungen der Weimarer Republik seit dem Frühjahr 1920
299	Dietrich Gerhardt, Hamburg	Die Zeit und das Wertproblem, dargestellt an den Übertragungen V. A. Žukovskijs
300	Bernhard Großfeld, Münster	Unsere Sprache: Die Sicht des Juristen
301	Otto Pöggeler, Bochum	Philosophie und Nationalsozialismus – am Beispiel Heideggers

Jahresfeier am 31. Mai 1989

302	Friedrich Ohly, Münster	Metaphern für die Sündenstufen und die Gegenwirkungen der Gnade
303	Harald Weinrich, München	Kleine Literaturgeschichte der Heiterkeit
304	Albrecht Dihle, Heidelberg	Philosophie als Lebenskunst
305	Rüdiger Schott, Münster	Afrikanische Erzählungen als religionsethnologische Quellen, dargestellt am Beispiel von Erzählungen der Bulsa in Nordghana
306	Hans Rothe, Bonn	Anton Tschechov oder Die Entartung der Kunst
307	Arthur Th. Hatto, London	Eine allgemeine Theorie der Heldenepik
308	Rudolf Morsey, Speyer	Die Deutschlandpolitik Adenauers. Alte Thesen und neue Fakten
309	Joachim Bumke, Köln	Geschichte der mittelalterlichen Literatur als Aufgabe
310	Werner Sundermann, Berlin	Der Sermon von der der Seele. Ein Literaturwerk des östlichen Manichäismus
311	Bruno Schüller, Münster	Überlegungen zum ‚Gewissen'
312	Karl Dietrich Bracher, Bonn	Betrachtungen zum Problem der Macht
313	Klaus Stern, Köln	Die Wiederherstellung der deutschen Einheit – Retrospektive und Perspektive

Jahresfeier am 28. Mai 1991

314	Rainer Lengeler, Bonn	Shakespeares Much Ado About Nothing als Komödie
315	Jean-Marie Valentin, Paris	Französischer „Roman comique" und deutscher Schelmenroman
316	Nikolaus Himmelmann, Bonn	Archäologische Forschungen im Akademischen Kunstmuseum der Universität Bonn: Die griechisch-ägyptischen Beziehungen
317	Walther Heissig, Bonn	Oralität und Schriftlichkeit mongolischer Spielmanns-Dichtung
318	Anthony R. Birley, Düsseldorf	Locus virtutibus patefactus? Zum Beförderungssystem in der Hohen Kaiserzeit
319	Günther Jakobs, Bonn	Das Schuldprinzip
320	Gherardo Gnoli, Rom	Iran als religiöser Begriff im Mazdaismus
321	Claus Vogel, Bonn	Mīramīrāsutas Asālatiprakāśa – Ein synonymisches Wörterbuch des Sanskrit aus der Mitte des 17. Jahrhunderts
322	Klaus Hildebrand, Bonn	Die britische Europapolitik zwischen imperialem Mandat und innerer Reform 1856–1876
323	Paul Mikat, Düsseldorf	Die Inzestverbote des Dritten Konzils von Orléans (538). Ein Beitrag zur Geschichte des Fränkischen Eherechts
324	Hans Joachim Hirsch, Köln	Die Frage der Straffähigkeit von Personenverbänden
325	Bernhard Großfeld, Münster	Europäisches Wirtschaftsrecht und Europäische Integration
326	Nikolaus Himmelmann, Bonn	Antike zwischen Kommerz und Wissenschaft

Jahresfeier am 8. Mai 1993

327	Slavomír Wollman, Prag	Die Literaturen in der österreichischen Monarchie im 19. Jahrhundert in ihrer Sonderentwicklung
328	Rainer Lengeler, Bonn	Literaturgeschichte in Nöten. Überlegungen zur Geschichte der englischen Literatur des 20. Jahrhunderts
329	Annemarie Schimmel, Bonn	Das Thema des Weges und der Reise im Islam
330	Martin Honecker, Bonn	Die Barmer Theologische Erklärung und ihre Wirkungsgeschichte
331	Siegmar von Schnurbein, Frankfurt/Main	Vom Einfluß Roms auf die Germanen
332	Otto Pöggeler, Bochum	Ein Ende der Geschichte? Von Hegel zu Fukuyama
333	Niklas Luhmann, Bielefeld	Die Realität der Massenmedien
334	Josef Isensee, Bonn	Das Volk als Grund der Verfassung
335	Paul Mikat, Düsseldorf	Die Judengesetzgebung der fränkisch-merowingischen Konzilien
336	Bernhard Großfeld, Münster	Bildhaftes Rechtsdenken. Recht als bejahte Ordnung
337	Herbert Schambeck, Linz	Das österreichische Regierungssystem. Ein Verfassungsvergleich
338	Hans-Joachim Klimkeit, Bonn	Manichäische Kunst an der Seidenstraße
339	Ernst Dassmann, Bonn	Frühchristliche Prophetenexegese
340	Nikolaus Himmelmann, Bonn	Sperlonga. Die homerischen Gruppen und ihre Bildquellen

ABHANDLUNGEN

Band Nr.

72	*(Sammelband)*	Studien zur Ethnogenese
	Wilhelm E. Mühlmann	Ethnogonie und Ethnogonese
	Walter Heissig	Ethnische Gruppenbildung in Zentralasien im Licht mündlicher und schriftlicher Überlieferung
	Karl J. Narr	Kulturelle Vereinheitlichung und sprachliche Zersplitterung: Ein Beispiel aus dem Südwesten der Vereinigten Staaten
	Harald von Petrikovits	Fragen der Ethnogenese aus der Sicht der römischen Archäologie
	Jürgen Untermann	Ursprache und historische Realität. Der Beitrag der Indogermanistik zu Fragen der Ethnogenese
	Ernst Risch	Die Ausbildung des Griechischen im 2. Jahrtausend v. Chr.
	Werner Conze	Ethnogenese und Nationsbildung – Ostmitteleuropa als Beispiel
73	Nikolaus Himmelmann, Bonn	Ideale Nacktheit
74	Alf Önnerfors, Köln	Willem Jordaens, *Conflictus virtutum et viciorum*. Mit Einleitung und Kommentar
75	Herbert Lepper, Aachen	Die Einheit der Wissenschaften: Der gescheiterte Versuch der Gründung einer „Rheinisch-Westfälischen Akademie der Wissenschaften" in den Jahren 1907 bis 1910
76	Werner H. Hauss, Münster Robert W. Wissler, Chicago Jörg Grünwald, Münster	Fourth Münster International Arteriosclerosis Symposium: Recent Advances in Arteriosclerosis Research
77	Elmar Edel, Bonn	Die ägyptisch-hethitische Korrespondenz (2 Bände)
78	*(Sammelband)*	Studien zur Ethnogenese, Band 2
	Rüdiger Schott	Die Ethnogenese von Völkern in Afrika
	Siegfried Herrmann	Israels Frühgeschichte im Spannungsfeld neuer Hypothesen
	Jaroslav Šašel	Der Ostalpenbereich zwischen 550 und 650 n. Chr.
	András Róna-Tas	Ethnogenese und Staatsgründung. Die türkische Komponente bei der Ethnogenese des Ungartums
	Register zu den Bänden 1 (Abh 72) und 2 (Abh 78)	
79	Hans-Joachim Klimkeit, Bonn	Hymnen und Gebete der Religion des Lichts. Iranische und türkische Texte der Manichäer Zentralasiens
80	Friedrich Scholz, Münster	Die Literaturen des Baltikums. Ihre Entstehung und Entwicklung
81	Walter Mettmann, Münster (Hrsg.)	Alfonso de Valladolid, *Ofrenda de Zelos* und *Libro de la Ley*
82	Werner H. Hauss, Münster Robert W. Wissler, Chicago H.-J. Bauch, Münster	Fifth Münster International Arteriosclerosis Symposium: Modern Aspects of the Pathogenesis of Arteriosclerosis
83	Karin Metzler, Frank Simon, Bochum	Ariana et Athanasiana. Studien zur Überlieferung und zu philologischen Problemen der Werke des Athanasius von Alexandrien.
84	Siegfried Reiter / Rudolf Kassel, Köln	Friedrich August Wolf. Ein Leben in Briefen. Ergänzungsband, I: Die Texte; II: Die Erläuterungen
85	Walther Heissig, Bonn	Heldenmärchen versus Heldenepos? Strukturelle Fragen zur Entwicklung altaischer Heldenmärchen
86	Hans Rothe, Bonn	*Die Schlucht*. Ivan Gontscharov und der „Realismus" nach Turgenev und vor Dostojevski (1849–1869)
87	Werner H. Hauss, Münster Robert W. Wissler, Chicago H.-J. Bauch, Münster	Sixth Münster International Arteriosclerosis Symposium: New Aspects of Metabolismn and Behaviour of Mesenchymal Cells during the Pathogenesis of Arteriosclerosis
88	Peter Zieme, Berlin	Religion und Gesellschaft im Uigurischen Königreich von Qočo
89	Karl H. Menges, Wien	Drei Schamanengesänge der Ewenki-Tungusen Nord-Sibiriens
90	Christel Butterweck, Halle	Athanasius von Alexandrien: Bibliographie
91	T. Čertorickaja, Moskau	Vorläufiger Katalog Kirchenslavischer Homilien des beweglichen Jahreszyklus
92	Walter Mettmann, Münster (Hrsg.)	Alfonso de Valladolid, *Mostrador de Justicia*
93	Werner H. Hauss, Münster Robert W. Wissler, Chicago Hans-Joachim Bauch, Münster (Eds.)	Seventh Münster International Arteriosclerosis Symposium: New Pathogenic Aspects of Arteriosclerosis Emphasizing Transplantation Atheroarteritis
94	Helga Giersiepen, Bonn Raymund Kottje, Bonn (Hrsg.)	Inschriften bis 1300. Probleme und Aufgaben ihrer Erforschung
95	Walter Heissig, Bonn (Hrsg.)	Formen und Funktion mündlicher Tradition

GPSR Compliance

The European Union's (EU) General Product Safety Regulation (GPSR) is a set of rules that requires consumer products to be safe and our obligations to ensure this.

If you have any concerns about our products, you can contact us on

ProductSafety@springernature.com

In case Publisher is established outside the EU, the EU authorized representative is:

Springer Nature Customer Service Center GmbH
Europaplatz 3
69115 Heidelberg, Germany

www.ingramcontent.com/pod-product-compliance
Lightning Source LLC
Chambersburg PA
CBHW051612100426
42873CB00019B/433